施工现场安全教育教案

本书编委会　编写

中国建筑工业出版社

图书在版编目(CIP)数据

施工现场安全教育教案/本书编委会编写.—北京：中国建筑工业出版社，2006
ISBN 978-7-112-08294-0

Ⅰ.施… Ⅱ.本… Ⅲ.建筑工程-工程施工-安全教育-教案(教育) Ⅳ.TU714-4

中国版本图书馆CIP数据核字(2006)第038529号

施工现场安全教育教案
本书编委会 编写

*

中国建筑工业出版社出版、发行（北京西郊百万庄）
各地新华书店、建筑书店经销
北京金海中达技术开发公司排版
北京建筑工业印刷厂印刷

*

开本：850×1168毫米 1/32 印张：7½ 字数：200千字
2006年5月第一版 2014年4月第四次印刷
定价：**19.00**元
ISBN 978-7-112-08294-0
(23830)

本书主要针对施工现场工人为主要教育对象的现场施工安全教育教案。是施工一线从事安全教育工作者对现场安全教育的总结。本书包括的主要内容有:入场安全教育、安全防护管理、临时用电管理、机械安全管理、其他安全教育等内容。

本书可供从事建筑施工现场安全教育工作者使用。也可供从事施工现场管理的项目经理、主任工程师、施工队长、工长等人员使用。

* * *

责任编辑:胡明安
责任设计:赵明霞
责任校对:张树梅　王金珠

编委会名单

前　言

这是一本以施工现场工人为主要教育对象的施工现场安全教育教案，它是我们在“安全月”期间征集的部分作品。施工现场安全教育教案，就是把用来说服人的道理、干活的方法和应该遵守的规则以某种相对固定的格式用文字的形式表述出来，从而让我们的安全教育有的放矢。我们将施工现场安全教育内容编写成书，一方面是想为现场从事安全教育的教员提供一本可以参考的教材；另一方面也是想让我们的安全教育更实际、更标准。

2004年，国务院2号文《关于进一步加强安全生产工作的决定》明确要求，在全国所有工矿、商贸、交通运输、建筑施工企业普遍开展安全标准化活动。企业生产经营活动和行为必须符合安全生产的有关法律、法规和安全生产的技术要求，做到规范化、标准化。我们知道：生产是一个非常复杂的系统工程，建筑企业的生产更是一个多元的、立体的施工过程，而人、机、环境三个方面构建的这个大系统，无疑是人的因素更为重要。因此，在安全标准化和推进企业安全文化的进程中，对人的教育过程中的各个环节，我们先行一步，制定安全教育的大纲和提供部分教案，来呼唤更多人的参与和获得更广泛的意见。尽管我们的教案还很不成熟，但我们毕竟迈出了可喜的一步，相信经过我们不断地探索和总结，我们一定会向广大从事安全教育工作者奉献一本实用的、有针对性的安全教育教案来。

感谢所有提供教案的作者，感谢所有为编写这本教案付出努力的人们！

编者

安全教育课时分配表

序	级别	内　容	学　时	
1	一级教育（公司或项目）	入场教育（危险意识）	2学时	总计16学时
		建筑业常识教育（含逃生自救的常识）	2学时	
		现场认知	2学时	
		法制教育（法律赋予的责任、权利、义务）	2学时	
		常见事故剖析	4学时	
		道德（含环保意识）教育	2学时	
		重大活动教育	2学时	
2	二级教育（项目或施工队）	责任意识教育	4学时	总计24学时
		安全防护及规程教育	6学时	
		机械安全及规程教育	6学时	
		现场防触电常识及操作规程教育	6学时	
		季节性及突发事件教育	30分钟/次	
3	三级教育（班组）	爱岗敬业教育	2学时	总计8学时
		现场周边环境认知	1学时	
		本工种危险点的认知和正确的操作方法	30分钟/天	

目　录

一　入场安全教育

二　安全防护管理

三　临时用电管理

四　机械安全管理

五　其他安全教育

一　入场安全教育

1. 工人入场安全意识教育

1.1　教育目的

从讲解"忧患意识"入手，通过大量血的事故案例，引导学员认知危险，克服侥幸心理，从而树立安全意识。

1.2　教育重点

现场的学员多为刚进城的农民工，他们不是急于想找到工作"打工挣钱，养家糊口"，就是走出家乡"开开眼界，见见世面"。由于他们文化水平低，且又未接受过专业的培训教育，因此，违章引发的事故时有发生，此次课程旨在灌输安全意识。安全标志如图1-1。

图1-1　安全标志

1.3　教育方法（互动式交流培训）

（1）用过去的血的事例，深入浅出地引导学员认知危险；

（2）用提问方式，让学员自己回答问题，帮助他们得出正确结论；

（3）有奖问答。准备一些实用小奖品（如：肥皂、毛巾等）在学员回答问题后送给他们；

（4）讲课语言亲切，尽量不用"农民工"、"外来人口"等刺激性字眼儿；

（5）用多媒体和现场讲解相结合的方式（依据现场情况定）。

1.4　教育时间

30～40分钟。

1.5 预期效果

(1) 通过互动交流，使学员认识“树立安全意识”的重要性；

(2) 能在劳动中规范自己的行为，并能增加一些“渴望学习、掌握技能”的欲望。

1.6 教育过程

(1) 引子：讲个事例，引导学员自己说出原因。

事例：如图 1-2，从前有个奴隶，随国王坐船向海上进发，一上船便哭闹不止，同船的人就一起劝说他，没想到一点作用也不起，反而换来他变本加厉的哭闹，哭闹声惊动了国王，国王也一起劝阻他，但仍然未能奏效，一怒之下，国王下令将哭闹的奴隶扔到了海里。此时，他挣扎着，大喊救命，国王又派人把他打捞上来，这时的他，蜷缩在船舱的角落，只是哆嗦，不哭也不闹了。

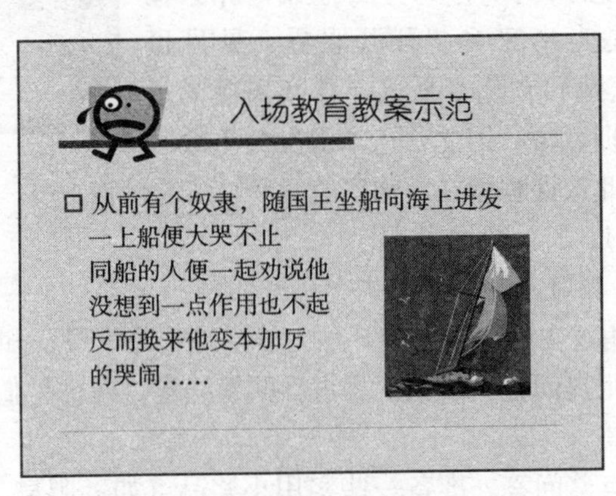

图 1-2 安全意识教育案例（一）

提问：

1) 能知道什么原因让他不哭不闹了吗？(引导学员往“忧患意识”上说)

2) 什么叫忧患意识？

通俗的说法：耽心害怕有灾祸。

小结：知道了什么叫“忧患意识”，那我们处在这样的环境里，是不是多想象危险、小心翼翼地躲避或者化解，就会减少危险呢？

（2）事例讲解，让学员自己总结出：城市的特点，建筑施工现场的特点，所在项目的特点，进而引导学员能够得出：建筑施工是高危行业！

事例（1）：如图1-3，2004年春节过后，三个农民从河南老家坐长途大巴来京，到南四环马家楼桥时，三个农民要求下车，司机打开门就让他们下了车，他们下车后直接横穿四环路，其中的一人被一辆飞驰而过的大客车剐了一下，站立不稳之时，就被另一辆运渣土的卡车撞倒了，之后，一辆辆停不下的车便从他身上压过去……

图1-3　安全意识教育案例（二）

提问：这个事例能给我们一些什么启发？（在引导学员回答问题的过程中让大家认识城市的危险所在）。

小结：从这个事例中我们设想一下，假如这几位农民兄弟稍微有些常识（有忧患意识）；稍微有些耽心，有些害怕；知道在飞驰的汽车面前人的渺小，他们就有可能有十二分的小心，不去横穿四环主路了，其中一方面是他们缺乏规避风险的常识，另一方面就是对城市的不了解，因此，应该让他们知道农村与城市的区别，如图 1-4。

图 1-4 安全意识教育案例（三）

农村：一望无际的广袤大地、整齐划一的乡间小路、不多的人烟，人们可以自由自在的扛着锄把、哼着小曲走在回家的路上。

城市：鳞次栉比的高楼大厦、纵横交错的马路、川流不息的车流、摩肩接踵的人群，还有不时由于各种原因引发的凶杀等等。

结论：城市的危险大于农村！

事例（2）：1995 年，某公司一栋正在施工的住宅楼已经接近尾声，此时，一个刚刚从老家来到建筑工地没有一个星期的 18 岁的小伙子顺着脚手架爬到最高处，大概觉得上边宽松一些，随即在上面玩耍起来（蹦跳）一不留神失足从上面直接摔到地面上，（违反劳动纪律）当场死亡。

提问：这个事例告诉我们什么？（引导学员对建筑施工危险的认识）

小结：18 岁，一个有着无限快乐和充满幻想的年华，小伙子刚刚从农村来到城市，感觉很刺激，对一切都充满了好奇，小伙子没有耽心、害怕，没有忧患意识，不知道建筑行业的危险。

提问：请学员自己列举建筑施工的特点有那些？（进一步认识建筑业的危险性）

如：露天作业、高处作业、交叉作业、天气的变化带来的危险等等（中间穿插小案例）。

结论：建筑施工现场的危险多，是高危行业！

（3）如何躲避危险，平安工作，达到既挣钱又保护生命健康的目的？

刚才，我们说到意识，意识是什么，是客观现实作用于大脑的反映，也许我们认为，在建筑工地呆久了，自然而然就会重视了，其实不然，危险的存在是不以人的意志为转移的，等到你认识了，也知道如何预防了，也许你的命早就不存在了，不能拿自己的生命开玩笑，因为生命对于人只有一次，生命是至高无上的！因此，作为企业（用人单位）承担着法律赋予的责任：培训教育（简单介绍三级教育、灌输）；作为个人，有着法律赋予你的义务，如图1-5。

图1-5　安全意识教育案例（四）

（介绍《安全生产法》颁布的意义以及作为建筑施工行业的从业人员应该履行的义务。然后，在大家发言的基础上，总结归纳，制定相应的措施和办法）。

提问：有什么更好的办法（措施）来保护生命呢？

小结：在大家发言的基础上，引导学员认识：先有安全意识、然后规范行为、再努力学习、掌握技能，应该是避免事故的最好途径。

措施或者办法：（两条渠道）

1）培训教育（企业的责任、个人的义务）；

2）学习（法律法规、操作、工艺、技术等规程）。

结论：必须树立安全意识！

（中国建筑一局（集团）有限公司安全部　夏秀英）

2. 施工现场节日期间安全意识教育

2.1　教育目的

通过教育，使工人对路桥施工危险点有进一步认知，在今后施工过程中自觉规范自身行为，消除“人”的不安全因素；加强安全管理人员与现场操作工人之间的沟通，构建和谐、人性化安全管理模式；提高工人节假日期间安全生产意识。

2.2　教育难点

工人在入场安全教育后，具备一定安全意识，但经过一段时间后，意识逐渐薄弱，思想上存在不同程度的麻痹大意，对流于形式的安全教育不热心，甚至抵触。如何消除工人对安全教育的抵触情绪及安全上的麻痹思想，是安全教育的难点。

2.3　教育方法

采用现场提问互动方式，创造轻松活跃的气氛，以小礼品为奖励，激发工人参与热情，让工人对路桥施工危险点有全面深刻的认识。

2.4　教育时间

50分钟。

2.5　教育过程

过几天就过节了，在这儿我提前祝大家节日快乐！项目部给大伙儿准备了小礼品，慰问大家，大家辛苦了，我代表项目部感谢大家！

过节本该高高兴兴的，但是我还是有必要在安全上给大家提个醒。目的就是让大伙儿高高兴兴的、但更要平平安安的过好节。去年有一个工地，在元旦期间发生事故，两人从预留井口坠落身亡；最近几个月以来发生的几起事故，也都是发生在周末或节假日。正因为节假日事故频发，我们有必要召集大家，在“五一”节前给大家打打预防针，确保“五一”劳动节我们现场的劳动者们的安全。

为什么节日期间容易发生事故呢？第一，反映出我们管理上的疏漏，管理人员节日期间休假或轮休，而值班的管理人员未能把休假人员的管理职能担负起来，形成了管理的漏洞；第二，节日期间工人、管理人员免不了喝点酒，加上思想上的放松和疏忽，就很容易出事故。所以，我们“五一”节期间，值班的一定要负起责任来，凡是还要进入施工现场的，严禁喝酒，全体管理人员、作业人员都必须真正重视安全，保证节日期间安全生产。

项目部给大家准备的小礼品，可不能白给！大家要踊跃发言，才有机会领到小礼品。一方面，可以就我们路桥施工中，存在的危险点，危险点，就是危险的、容易出事故的地方，提出一个危险点，领一份小礼品。另一方面，大家可以讲讲自己见过或听说过的安全事故案例，讲一个案例，领一份小礼品，再加一副扑克牌。

（事先找几个带班的施工队管理人员开小会，让他们在大会时带头发言，把现场气氛带动起来，不至于冷场。在活动结束后，未发言的工人也每人发一份小礼品，保证大家都能高兴过节。）

晚上还要打更或加班的工人，不要喝酒，不要耽误了工作。

开始提问：路上、桥上施工有什么危险点？谁先说？张青志，你先说。

张青志（分包队伍安全员）：交通安全。

奖励小礼品。并指出道路桥梁施工处于开放的社会环境，社会上的车辆车速快，必须注意交通安全。讲解交通安全注意事项。

张伟峰（分包队伍现场经理）：触电。

奖励小礼品。并讲解工地用电安全知识、触电急救知识。

木工班长：火灾。

奖励小礼品。讲解，木工加工场木屑及余料容易着火，要及时清理余料，要布置灭火器等消防设施。

钢筋班长：机械伤害。

奖励小礼品。讲解，钢筋加工、木工加工等机械，要专人使用，且必须持有操作证。机械要定期检查，确保状态良好。

工人甲：高处作业防坠落。

奖励小礼品。桥梁柱子、盖梁施工时高处作业，要防止高空坠落。讲解，安全带的正确使用。

工人乙：钢筋头掉下来砸脑袋上。

奖励小礼品。桥上、桥下交叉施工时，必须采取措施，防止桥上钢筋头等物品掉落伤及桥下工人或社会车辆。

工人丙：有一个工地土方开挖时，土方坍塌，将一名工人埋死。

奖励小礼品及扑克牌。道路、桩基土方开挖时，要放坡，采取支护措施，防止坍塌事故。

工人丁：有一个工人在工地推手推车时，轧到电缆，被电死。

奖励小礼品及扑克牌。临时电电缆应架空敷设，如果必须地面敷设，电缆外必须加保护管，以防行人及车辆损坏电缆，造成事故。

………

小结：

大家指出了我们路桥施工中存在的众多危险点，以后到这些危险的地方施工时，要特别小心。大家也说了一些事故，都是血的教训，要引以为戒。小礼品也发完了，再次祝大家节日快乐！

（中国建筑一局（集团）有限公司市政工程部　雷毅民）

3. 施工现场工人入场安全常识教育

3.1 教育目的

通过教育，使工人对城市生活与农村生活之间的巨大差异有初步认知；增强安全意识，提高安全技术水平；掌握基本交通安全知识、建筑施工安全知识及一般伤害事故的自救及救护知识。

3.2 教育难点

工人受教育程度普遍较低；新工人对安全的无知及熟练工人对安全的麻痹；工人抽象理解了安全常识，需要有针对性的启发、触动。

3.3 教育方法

挂图讲解，现场演示。对工人进行提问、引导，让工人亲自操作、参与其中，充分调动其积极性，激发大家的学习热情。发放阅读材料，布置阅读任务，让工人课后自觉学习安全知识。

3.4 教育时间

集中教育 40 分钟，班组讨论、个人学习 1～2 天。

3.5 教育过程

按照国家有关规定，进入工地施工前，必须进行入场安全教育。希望大家能认真学习有关的安全知识，将安全教育会议的精神认真向下传达，不漏任何一个人。大家千万不能把教育当成形式，认为是走过场，而产生麻痹，这样就容易出事，一定要重视起来，安全关系到每个人。

有些同志可能刚从老家来，有的搞过建筑，有的没搞过，新手尤其要注意。刚从老家过来，家里还有土地，在城里干活和在家种地可不一样，老工人要多带新工人，教新工人。在家里下地劳动，你扛着锄头横着走都没事，在城里，在工地，这就不行了。因为我们这个工程就在市中心，人多，车多。首先大家要注意的就是交通安全。将来大家干活少不了横过马路，还有可能占道作业，那可要加倍小心。路上车速很快，横过马路一定要走人行横道，要先观察，确认安全后，方能通过。

先说说安全的重要性，现阶段，上到国家，下到省、市、公司，都非常重视。安全第一，以人为本，对生命的重视程度越来越高。国家有《安全法》，安全提高到法的高度，你说重要不重要？每年，因为各种事故死亡的人数，达到 13～14 万人，其中交通事故约 10 万人，矿山事故约 8000 人，与我们有关的，建筑施工事故，也有不少。事故多发，死亡人数多，同时造成巨大经济损失。所以必须高度重视安全。稍微不注意，就有可能出事故。这是从大的环境来说，从我们自身来讲，安全也必须重视，来工地干活的都是一个个的年轻小伙子，来挣钱来了，在家都是顶门立户的，万一出了什么事情，这个家就完了。出了事，人受到伤害，作为老板，经济损失也不小。从公司角度，出了安全事故，影响到公司声誉，资质。记住，安全无小事。

施工现场要有安全员，由安全员组织工人平时的安全学习、教育，还给大家发安全知识小册子。

图 3－1～图 3－10 是施工现场常见的挂图，这些挂图介绍了

图 3－1　电器灭火

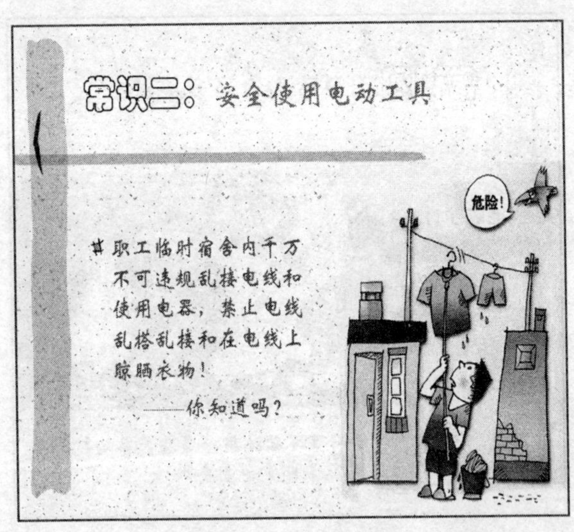

图 3-2　安全使用电动工具

图 3-3　拆除作业安全

图 3-4　预防土方塌方

图 3-5　高处作业

施工现场常见的安全问题，希望通过这些挂图，让大家掌握基本的安全知识，将来施工时遇到了，知道该怎么做。

图 3-6　预防拆除作业坍塌事故

图 3-7　施工机械操作

图 3-8　施工作业安全

图 3-9　自我保护意识

图 3－10　作业现场要工完场清

讲解（图 3－1）：

提问：着火了，怎么办？（根据工人回答情况引导、归纳总结）

一种想法，着火了，我跑，别烧到我了，这是人的本能。

一种负责点的想法，着火了，赶紧救火。

两种说法都有一定道理，适合不同的情况。正确的做法是：首先不能慌张，分析形势，迅速判断。刚起火，火势不大时，应迅速组织扑救；如果火势太大，现场不具备扑救条件，马上撤离、报警，让消防队来扑救。根据不同火源，采取不同灭火方法。电器着火，用砂、二氧化碳灭火器灭火；一般材料着火，用水、泡沫灭火器灭火。

下边给大家讲解灭火器正确使用方法：（讲解灭火器使用要点）。

哪位愿意上来试一试？（工人亲自操作灭火器，适时给予赞许、鼓励）。

讲解（图3-2）：

提问：安全电压是多少？（36V、特殊环境24V）

图里小伙子这样做可就非常危险了。电是危险的，你不小心，就会触电了。工地上触电事故经常发生，工地上用的电比家里用的电压要高得多，遇到电的事情，千万不要私自去弄，只有持证电工才能操作。大家使用的电闸箱、各种加工机械，都要经过持证电工检查合格后才能使用。要注意戴好防护手套，绝缘靴等个人防护用品。不仅要注意用电的安全，在宿舍区，还应该注意防火防盗，注意个人卫生等问题，下边给大家讲一下管理制度：

安全用电制度（略）。

宿舍管理制度（略）。

食堂卫生管理制度（略）。

触电急救知识（略）。

讲解（图3-3）：

提问：上下层施工时，该采取什么措施？（错开施工，围蔽、水平网）

像图中这样的情况，很危险。施工时经常有上、下层或者不同工种、不同队伍互相交叉作业的情况，大家要避免这时候发生危险。相互间协调好，上层作业时，要对作业区域围蔽，有人值守，防止人员进入作业区下方。落物伤人，也是工地经常发生的事故之一，大家时刻记住，进入施工现场，一定要戴好安全帽。作业过程中，观察周围，不伤害他人，也不被他人伤害，这是工地安全的基本原则。

讲解（图3-4）：

提问：土方施工会发生什么事故？（塌方、沉陷）

土方施工时，要时刻注意观察土体稳定情况，不能发生图中这样的掏挖、逆挖。较深基坑开挖时，要考虑放坡和支护。基坑边不准堆放材料、渣土等。深基坑周边要做好围护，防止人员掉入。

塌方事故不仅会危及个人生命安全，其社会影响有时会非常大：有可能造成道路瘫痪、邻近楼房坍陷等严重后果，所以施工时大家要注意。

讲解（图3－5）：

我们这个工程有一个高架桥，最高处有十七八米。将来不可避免要有高处作业。据统计，高处坠落，是建筑施工事故中占比率最高的事故。就我所知道的，去年、今年就有不同工地上发生的好几起高处坠落死亡事故。

防止高处坠落，一是要使用安全带等防护用品；二是要作好洞口、临边防护，挂好安全网。

讲解（图3－6）：

我们这个工程有一个特点，和固定地点房屋建筑不一样，相当于是一个开放的环境。高架桥跨过四环主路、两条辅路，万一像图3－6里那样，掉下来一块砖头、一段钢筋，事情就大了，有可能伤人、砸车。

所以在这样的区域施工时，一定要做好隔离层、防护网，不能让所有东西、哪怕一颗铁钉掉下去。不做好这层防护，就不能动工。

大家必须记住，在不具备安全施工条件时，不能施工，即使有人在不具备安全生产条件时要你们施工，你们有权拒绝、也必须拒绝。

讲解（图3－7）：

提问：机械运转过程中维修会发生什么事故？（轧伤，绞伤，零件离心击打）

施工机械安全，是施工安全中一个重要方面。现在都使用商品混凝土，图中搅拌机都不用了。我们这个工程中要使用的钢筋加工机械有：拉直机、钢筋切断机、钢筋弯曲机等；木工加工机械有：电锯、电刨等，其他还有振捣棒、蛙式夯等，大型的设备有推土机、挖掘机等。机械使用前，要试运转，检查安全保护装置，检查电气保护装置，确认安全才能使用。各个机械，要专人管理，持证上岗，不能谁都操作。机械出现故障时，要关闭电源，不能运转中维修。

配合推土机、压路机等大型机械作业时，要注意别站在机械操作范围危险区域，应由专人指挥机械，防止机械伤人。

讲解（图3-8）：

在施工中，严禁抛接物料。比如搭设脚手架时，就不能抛接扣件。万一接不住，掉下来就会砸到人。同时要杜绝野蛮施工行为，物料装卸、拆除脚手架、模板时，尽量轻拿轻放，不能野蛮装卸。野蛮施工，可能会伤到他人，即使不伤到他人，对物料也有损伤。

从高处往下运料时，使用吊车，或溜槽，并确保作业区下安全，专人值守，防止无关人员进入。

讲解（图3-9）：

提问：哪个安全带使用正确？

安全带应高挂低用。除了安全带，其他的安全防护用品，如安全帽，电焊手套，绝缘靴等，都要使用合格产品，都要正确使用。

前面说过，高空坠落，是建筑施工中最常发生的事故，所以，高空作业人员一定要系好安全带，且必须会正确使用。

安全帽、电焊手套、绝缘靴等，如果不正确使用，其安全保护作用就大打折扣，或起不到保护作用。平时多注意细节，发生意外时，也许就救了你一命。

讲解（图3-10）：

工完场清。什么事情，开好头，也要收好尾。工完场清既是文明施工的要求，也是消除安全隐患的要求。

工地上整整齐齐，利利落落的，自己看着都舒服。别人看了，也会说这个队伍素质高。除了美观的考虑，工完场清更重要的是考虑安全。木工加工场的余料、木屑，如不及时清除，将留下极大火灾隐患，一个烟头，可能就是一场大火。高架桥上，未清理的一小块混凝土块，一不小心被踢掉到四环主路上，就有可能砸到车、人，甚至车毁人亡或连环车祸。

工完场清也是一个良好的习惯，养成良好个人习惯，反映一个人的素质，同时好习惯也能避免危险发生。

（中国建筑一局（集团）有限公司市政工程部　雷毅民）

4. 施工现场工人安全教育

4.1　教育目的

为规范建筑工人安全操作程序，消除和控制劳动过程中不安全行为、预防安全事故，确保操作人员的生命安全，坚持“安全第一、预防为主”的方针，要求从业人员严格遵守各项规章制度。

4.2　教育难点

（1）控制

1）不准不满18周岁的未成年从事建筑施工作业；2）不准无身份证人员进入施工现场；3）不准没有文化和不识字的人员进入施工现场。

（2）加强

1）接受安全教育培训、考试合格后、方可上岗作业；2）特种作业人员必须经过专门培训并考试合格，获得全国或北京市特种作业操作证。学徒工必须办理学习证，在监护人的指导下操作。严禁无证操作。

4.3　教育方法

采用多媒体等多种多样方法宣讲有关法律法规、安全操作规章制度，演示事故案例及建筑施工现场安全生产知识。

4.4 教育时间

0.5～1小时。

4.5 预期效果

通过教育，使工人熟悉施工现场及要求，掌握本工种安全生产操作规章制度。

4.6 教育过程

组织工人到会议室（或去现场），采取提问式了解工人掌握安全知识程度，然后有针对性的教育“安全第一，预防为主”是我国安全生产工作的基本方针，安全教育现场如图4-1。

图4-1 安全教育现场

为了规范建筑工程工人安全操作程序，消除和控制劳动过程中的不安全行为，预防伤亡事故，确保作业人员的安全健康，普及安全知识，提高安全意识，增强自我保护能力，积极推动施工现场安全教育的普及化、系统化、科学化，提高安全教育的质量和水平，结合工程实际制定本教案。

4.7 必须遵守的安全基本原则

（1）施工现场严禁使用未满十八周岁的人员；

（2）没有文化和不识字及身体健康不适合建筑施工的人员不得进入施工现场作业。

（3）新工人及转岗工人必须经过上岗前的“三级”安全教育。即：公司教育、项目教育、班组教育。考试合格后，方可持证上岗作业，否则，不得上岗作业。

(4) 进入现场前必须了解现场的危险并学习相关的职业健康安全知识；进入施工现场的人员必须正确戴好安全帽，系好下颏带，如图 4-2；按照作业要求正确穿戴个人防护用品，着装要整齐；在没有可靠安全防护设施的高处［2m 以上（含 2m）］悬崖和陡坡施工时，必须系好安全带。安全带应高挂低用，挂在牢靠处；高处作业不得穿硬底和带钉易滑的鞋，不得向下投掷物料，严禁赤脚穿拖鞋、高跟鞋进入施工现场。施工人员应持上岗证上岗；进入现场，必须了解现场的平面、竖向布置和通道、出口情况，随时注意安全标志提示，如图 4-3。

图 4-2　戴安全帽、系安全带

图 4-3　上岗证

(5) 施工现场的机电安装作业中特种作业主要有：电工作业、金属焊接（含气割）作业。

从事特种作业的人员，必须进行身体检查，无妨碍本工种的疾病和具有相适应的文化程度。施工现场的特种作业人员必须经过专门培训，考试合格获得《特种作业操作证》。外埠来北京从事特种作业人员，必须持原所在地地（市）级以上劳动安全监察机关核发的特种作业操作证明，向本市劳动安全监察机关或其委托单位申请换领《北京市特种作业临时操作证》后，方准独立进行特种作业操作。学徒工必须办理学习证，在监护人的指导下操作，严禁无证作业。

(6) 进入现场，严禁饮酒；现场严禁吸烟、严禁抛扔物品、严禁随地大小便。

(7) 严禁私自拆除、挪动现场装置、设施。

(8) 严禁动用本人职责范围外的任何机械、器具和工具。

(9) 施工现场行走要注意安全，不得攀登脚手架、井字架、龙门架、外用电梯。禁止乘坐非乘人的垂直运输设备上下。

(10) 施工前应根据班前讲话要求，对工作环境进行巡视，清除事故隐患，确认工作环境安全。

(11) 班前讲话履行参会人签字手续进行会议内容确认。

(12) 班组（队）长和班组（队）专（兼）职安全员必须每日上班前、作业过程中认真检查对作业环境、设施、设备，发现不安全隐患，立即解决；严禁冒险作业。随时纠正违章行为，解决新的不安全隐患；下班前进行确认检查；机电设备是否拉闸、断电；门是否上锁；用火是否熄灭；施工垃圾是否自产自清、日产日清；是否工完料净场地清；确认这些无误后，方可离开现场。

(13) 遇到大雾、大雨和六级以上大风时，禁止室外作业。

(14) 发生事故要立即向上级报告，积极抢救伤员，保护现场，不得隐瞒不报，并按“四不放过”原则进行调查分析和处理。

4.8 名词解释

(1)“五大伤害”：高处坠落、触电事故、物体打击、机械伤害、坍塌事故5种危险为建筑业经常发生的事故，占事故总数的85％以上。

(2)“三宝”：安全帽、安全带、安全网。

(3)“三违”：违章作业、违章指挥、违反劳动操作规程。

(4) “三不伤害”：不伤害自己，不伤害别人，不被别人伤害。

(5)“四口防护”：楼梯口、电梯口、预留洞口和出入口。

(6)“五临边防护”：平台边、阳台边、楼层边、屋面边、基坑、楼梯侧边。

(7) 安全电压：是为防止触电事故而采用的特定电源供电的电压系列。分为：42V、36V、24V、12V、6V 5级。根据不同的作业条件。选不同的安全电压。

(8)“事故四不放过”：事故原因没有查清不放过；事故责任者没有严肃处理不放过；广大职工没有受到教育不放过；防范措施没有落实不放过。

4.9 施工现场使用机电用具、设备的安全常识

施工现场使用机电用具、设备，包括电箱必须有防雨、防晒等防护措施，或应按规定垫高或使用支架固定。

(1) 移动开关箱

也叫三级箱，直接控制用电设备。与分配电箱的距离不得大于30m。开关箱内安装漏电开关、熔断器及插座。电源线采用橡套软电缆线，从分配电箱引出，接入开关箱上闸口。进出线口，应设在箱体的下面，并加护套保护。移动式配电箱不得置于地面上随意拖拉，如图4-4为现场不符合要求的开关箱及电缆。

图4-4 现场不合要求的开关箱及电缆

电箱内禁止堆放杂物，使用

图 4-5 现场临时用电电缆敷设

前应检查箱内电器元件是否完好，漏电保护器是否灵敏可靠。发现异常，必须立即查明原因，严禁带病使用。

敷设施工现场临时用电电线时，应架空敷设，不得拖地使用，以防人踩、车轧。防止浸水造成事故，电缆接头必须包扎严密、牢固，绝缘可靠，如图 4-5。

（2）电动工具

电动工具分为三类：Ⅰ类工具为金属外壳，电源部分具有绝缘性能，适用于干燥场所；Ⅱ类工具不仅电源部分具有绝缘性能，同时外壳也是绝缘体，即具有双重绝缘性能。工具铭牌上有“回”字标记，适用于比较潮湿的作业场所；Ⅲ类工具由安全电压电源供电，适用于特别潮湿的作业场所和在金属容器内作业，如图 4-6。

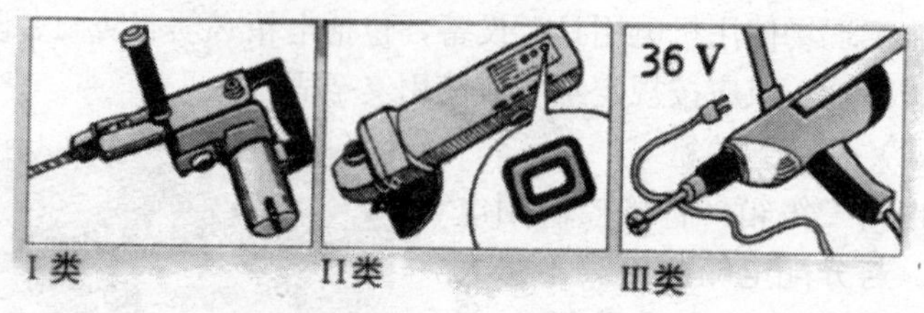

图 4-6 电动工具

工具使用前，应经专职电工检验接线是否正确，防止零线与相线错接造成事故。长期搁置不用或受潮的工具在使用前，应由电工测量绝缘阻值是否符合要求。

发现工具外壳、手柄破裂，零件缺损，应停止使用，进行更换；非专职人员不得擅自拆卸和修理工具；手持式工具的旋转部件应有防护装置。作业人员按规定穿戴绝缘防护用品（绝缘鞋，绝缘手套等）；工具原有的插头不得随意拆除或改换，当原有插头损坏后，严禁不用插头直接将电线的金属丝插入插座，如图4-7、图4-8为不符合要求的使用方法。

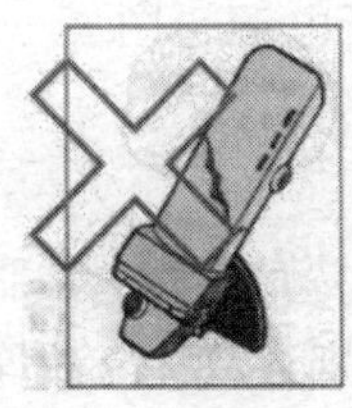

图4-7　不符合要求的使用

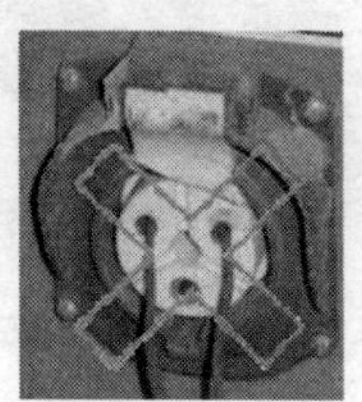

图4-8　不符合要求的使用

每台用电设备应有各自专用的开关箱，必须实行“一机一闸一漏一箱”制，严禁同一个开关电器直接控制两台及两台以上用电设备（含插座）。

操作旋转机电设备，严禁戴手套，衣服袖口应扎紧，长头发者将长发固定在帽子内。机械运转中不得进行维修保养。使用砂轮锯时，压力应均匀，人站在砂轮片旋转方向侧面，严禁在砂轮锯上打磨其他物品。

对电钻、冲击钻、砂轮锯等，用力要适当，严禁施加其他外力，防止设备伤人或设备损坏。

（3）电焊设备

电焊机必须安放在通风良好、干燥、无腐蚀介质、远离高温、高湿和多粉尘的地方。露天使用的电焊机应搭设防雨棚，电焊机应用绝缘物垫起。垫起高度不得小于20cm，按规定配备消防器材。

电焊机使用前，必须检查绝缘及接线情况，接线部分必须使用绝缘胶布缠严，不得腐蚀、受潮及松动。

电焊机必须设单独的电源开关、自动断电装置。一次侧电源线长度不大于5m，二次电焊把线长度不大于30m。两侧接线应压接牢固，必须安装可靠防护罩。电焊机的外壳必须设可靠的接零或接地保护。电焊机焊接电缆线必须使用多股细铜线电缆，其

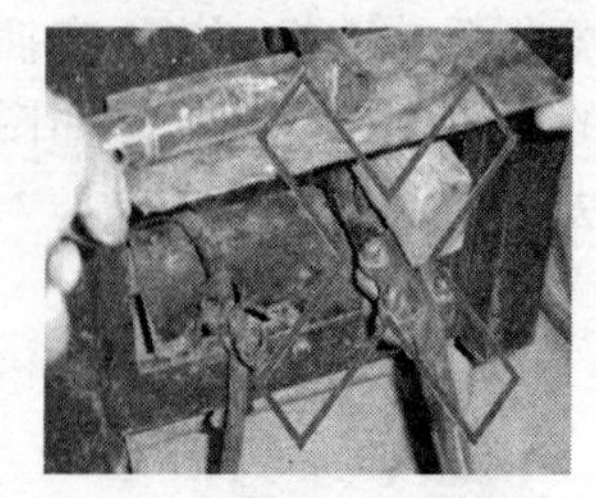

图 4-9 电焊机错误的安装

截面应根据电焊机使用规定选用。电缆外皮应完好、柔软，绝缘良好。电焊机内部应保持清洁。定期吹净尘土。清扫时必须切断电源，图 4-9 为电焊机错误的安装。

(4) 气焊设备

氧气瓶应与其他易燃气瓶、油脂和易燃、易爆物品分别存放。气瓶库房应与高温、明火地点保持 10m 以上的距离。

现场乙炔瓶储存量不得超过 5 瓶，5 瓶以上时应放在储存间。储存间与明火的距离不得小于 15m，并应通风良好，在使用或储存乙炔瓶时，乙炔瓶应直立。使乙炔时必须加装防回火装置。

氧气瓶、乙炔瓶不得在强烈日光下暴晒，夏季露天工作时，应搭设防晒罩、棚。

氧气瓶、乙炔瓶和专用橡胶软管不得沾有油脂。不得使用带油脂的工具、手套或工作服接触。

氧气瓶与焊炬、割炬、炉子和其他明火的距离应不小于 10m。与乙炔瓶的距离不得小于 5m。

专用橡胶软管不得漏气，同时应防人踩，车轧。

高处作业时，氧气瓶、乙炔瓶、液化气瓶不得放在作业区域正下方，应与作业点正下方保持在 10m 以上的距离，如图 4-10 为不正确的氧气-乙炔瓶保管方式。

图 4-10 不正确的氧气-乙炔瓶保管方式

(5) 登高工具

1) 不得使用有故障和不稳定地梯凳，不得将梯凳放置在松软或脆弱易塌的物品上，门口通道处使用梯凳，要有专人看护，如图 4-11；

图 4-11　登高作业

2) 梯凳不稳定时应请他人帮助扶稳，梯子上端应超出搭接点 1m，梯凳严禁放置在无防护的临边；

3) 使用人字梯时，要进行认真检查，有无缺档、断档情况。人字梯应四脚落地，摆放平稳，梯脚应设防滑橡皮垫和保险拉链。梯子挪动时，作业人员必须下来，严禁站在梯子上踩高跷式挪动。人字梯顶部铰轴不准站人、不准铺设脚手板。

不准使用超过 3m 以上的人字梯。

4) 高处作业人员（2m 以上含 2m）必须系安全带，高挂低用，平挂也可以。

(6) 水、电外线作业

在开挖电缆、管道沟槽作业时，施工人员必须按安全技术交底要求进行挖掘作业。挖土应从上而下逐层挖掘，严禁掏挖。坑（槽）沟必须设置人员上下坡道或爬梯，严禁在坑壁上掏坑攀登上下。开挖坑（槽）沟深度超 1.5m 时，必须根据土质和深度放坡或加可靠支撑。土方深度超过 2m 时，周边必须设两道护身栏杆；危险处，夜间设红色警示灯。坑（槽）沟边 1m 以内不准堆土、堆料，不准停放机械。

图 4－12　不正确的施工

配合机械挖土、清底、平地、修坡等作业时，不得在机械回转半径以内作业。

作业时要随时注意检查土壁变化，发现有裂纹或部分塌方，或情况异常，如地下水、黑土层和有害气味等，必须采取果断措施，将人员撤离，排除隐患，确保安全。不准冒险作业，图 4－12、图 4－13 为不正确的施工。

（7）水、电安装工程作业

1）施工现场交叉作业，必须有可靠的安全防护措施方可进行；

2）上班作业前应认真查看施工洞口、临边安全防护和脚手架护身栏、挡脚板、立网是否齐全、牢固；脚手板是否按要求间距放正、绑牢，有无探头板和空隙。

3）电工作业时，必须穿绝缘鞋、戴绝缘手套，酒后不准操作。

图 4－13　不正确的施工

4）施工现场所使用的临时用电接线、拆线由专业电工进行，严禁电线浸泡在水中，防止电线破皮，裸露漏电，发生触电事故。应随墙高挂使用。

5）剔凿作业人员剔槽、打洞时，必须戴防护眼镜，锤子柄不得松动。錾子不得卷边、裂纹。打过墙、楼板通孔时，墙体后面、楼板下面不得有人靠近。

6）在灰尘较多的地方，作业人员配戴口罩；

7）焊工作业时，穿帆布工作服、戴绝缘手套、配防护面罩。超过 2 米高处作业，须系防火安全带；

8）电气焊等动火前必须申请动火证；

9）动火人员持证上岗，动火前应检查动火场所，准备灭火器材（灭火器、水桶、干砂），安排看火人员；

10）高处动火应设置接火措施，下方严禁有易燃物品；防火设备应装置齐全（回火阻止器、压力表），正确使用防护用品。

11）施焊现场不得有油漆作业、防水作业。严禁有易燃、易爆气体和物质，电焊机如图 4－14。

图 4－14　电焊机

4.10　发生安全事故的原因

在建筑的施工过程中，发生安全事故的原因是不安全状态和不安全行为造成的，如表 4－1。

发生安全事故的原因　　表 4-1

不安全状态	不安全行为
1. 防护、保险、信号等装置缺乏或有缺陷 （1）无防护 1）无防护罩； 2）无安全保险装置； 3）无报警装置； 4）无安全标志； 5）无护栏，或护栏损坏； 6）（电气）未接地； 7）绝缘不良； 8）风扇无消声系统、噪声大； 9）危房内作业； 10）未安装防止“跑车”的挡车器或挡车栏； 11）其他。 （2）防护不当 1）防护罩未在适应位置； 2）防护装置调整不当； 3）坑道掘进、隧道开凿支撑不当； 4）防爆装置不当； 5）采伐，集体作业安全距离不够； 6）电气装置带电部分裸露； 7）其他。 2. 设备、设施、工具、附件有缺陷 （1）设计不当，结构不符合安全要求 1）通道门遮挡视线； 2）制动装置有缺欠； 3）安全间距不够； 4）拦车网有缺陷； 5）工件有锋利毛刺、毛边； 6）设施上有锋利倒棱； 7）其他。 （2）强度不够 1）机械强度不够；	1. 操作错误、忽视安全、忽视警告 （1）未经许可开动、关停、移动机器； （2）开动、关停机器时未给信号； （3）开关未锁紧，造成意外转动、通电或泄漏等； （4）忘记关闭设备； （5）忽视警告标志、警告信号； （6）操作错误（指按钮、阀门、扳手、把柄等的操作）； （7）奔跑作业； （8）供料或送料速度过快； （9）机器超速运转； （10）违章驾驶机动车； （11）酒后作业； （12）客货混载； （13）冲压机作业时，手伸进冲压模； （14）工件不牢固； （15）用压缩空气吹铁屑； （16）其他。 2. 造成安全装置失效 （1）拆除了安全装置； （2）安全装置堵塞，失掉了作用； （3）调整的错误造成安全装置失效； （4）其他。 3. 使用不安全设备 （1）临时使用不牢固的设施； （2）使用无安全装置的设备； （3）其他。 4. 手代替工具操作 （1）用手代替手动工具； （2）用手清除切屑； （3）不用夹具固定、用手拿工件进行机加工。

续表

不安全状态	不安全行为
2）绝缘强度不够； 3）起吊重物的绳索不符合安全要求； 4）其他。 (3) 设备在非正常状态下运行 1）设备带“病”运转； 2）超负荷运转； 3）其他。 (4) 维修、调整不良 1）设备失修； 2）地面不平； 3）保养不当、设备失灵； 4）其他。 3. 个人防护用品用具 防护服、手套、护目镜及面罩、呼吸器官护具、听力护具、安全带、安全帽、安全鞋等缺少或缺陷 (1) 无个人防护用品、用具； (2) 所用防护用品、用具不符合安全要求。 4. 生产（施工）场地环境不良 (1) 照明光线不良 1）照度不足； 2）作业场地烟雾尘弥漫、视物不清； 3）光线过强。 (2) 通风不良 1）无通风； 2）通风系统效率低； 3）风流短路； 4）停电、停风时放炮作业； 5）其他。 (3) 作业场所狭窄 (4) 作业场地杂乱 1）工具、制品、材料堆放不安全； 2）未开“安全道”；	5. 物体（指成品、半成品、材料、工具、切屑和生产用品等）存放不当 6. 冒险进入危险场所 (1) 冒险进入涵洞； (2) 接近漏料处（无安全设施）； (3) 装车时，未离危险区； (4) 未经安全监察人员允许进入油罐或井中作业； (5) 未“敲帮向顶”开始作业； (6) 冒进信号； (7) 调车场超速上下车； (8) 易燃易爆场合明火； (9) 在绞车道行走； (10) 未及时瞭望。 7. 攀、坐不安全位置（如平台护栏、汽车挡板、吊车吊钩） 8. 在起吊物下作业、停留 9. 机器运转时加油，修理、检查，调整，焊接、清扫等工作 10. 有分散注意力行为 11. 在必须使用个人防护用品、用具的作业或场合中，忽视其使用 (1) 未戴护目镜或面罩； (2) 未戴防护手套； (3) 未穿安全鞋； (4) 未戴安全帽； (5) 未佩戴呼吸护具； (6) 未系安全带； (7) 未戴工作帽； (8) 其他。 12. 不安全装束 (1) 在有旋转零部件的设备旁作业穿过肥大服装；

续表

不安全状态	不安全行为
3）其他。 （5）交通线路的配置不安全。 （6）操作工序设计或配置不安全。 （7）地面滑 1）地面有油或其他液体； 2）冰雪覆盖； 3）地面有其他易滑物。 （8）贮存方法不安全 （9）环境温度、湿度不当	（2）操纵带有旋转零部件的设备时戴手套； （3）其他。 13. 对易燃、易爆等危险物品处理错误

（中国建筑一局（集团）有限公司建设发展公司
汪金川　张德华）

5. 施工现场工人入场安全教育

（政策、法规）

5.1　教育目的

宣传党的方针、政策、法律、法规。通过相互探讨、研讨的方式，使学员认识、了解遵章守法的重要性。提高全员的法制观念、安全意识。讲解施工现场的基本情况，施工现场安全生产的特点和危险场所及注意事项、安全生产要求及设备分布情况等。在案例中吸取教训，提高自我保护和防护能力，保障生命安全。

5.2　教育重点

提高法制观念、克服侥幸心理，树立安全意识，“遵章守法、关爱生命”。

5.3　教育时间

40 分钟。

5.4　教育方案

用最普通、最通俗的语言，最有说服力的案例，在血的事实面前给予提示。用亲情、友情感染其心灵深处。用图片展示的方式，加深其印象。相互学习、共同探讨（准备几样小奖品，用来调动大家回答问题的积极性）。

5.5 预期效果

使受教育者懂得：遵章是生命的保障，守法是幸福的源泉，法律神圣不可侵犯。

5.6 教育过程

首先提出几个小问题进行抢答，答对者给予一次性奖励，用来调动大家回答问题的积极和活跃会场气氛。

5.7 提出问题

（1）问：您抛家舍业出来打工，目的是什么？

学员的回答归于一种：开阔眼界、提高自身素质。多挣钱、提高物质生活水平。

讲解：欢迎大家来本施工现场，成为本工程建设中的一员。作为工人队伍里的新成员，首先应该清楚自己在法律上享有哪些权利。应当如何履行自己的权利。法律赋予您有哪些义务，应当怎样履行您的义务。您有批评、检举和控告的权利。您有遵章守纪、服从管理的义务，您有接受教育、培训、考核的义务。说明本项目安全管理和文明施工目标及措施。在达到各项检查标准的同时，确保安全样板工地。

（2）问：亲人、朋友对你的希望是什么？

学员的回答大多是多挣钱、早回家等。

准备一幅宣传画：一位白发苍苍的老母亲站在村口大树下，等待儿子平平安安、早早回家过年。看见老人家期盼的眼神，人人都会为之动容，感慨万千。从而对"关爱生命"有第一步的了解。

小结：真情传动。调动人们对美好生活的渴望，思念亲人、朋友的情绪。小之以理，动之以情。用亲情、友情去感染其心灵深处，使其加深印象。对"关爱生命"有一个重新的认识。生命意味着什么？不仅意味着自己，更意味着父母、妻儿、朋友。亲人盼望你平平安安回家，朋友期待你衣锦还乡。美好的生活再等待你。为了他们您要更加"关爱生命"。

(3) 问：您怎样做才能保证您挣到您应得的报酬，平平安安回家过年呢?

回答后，事例讲解：对施工人员讲解施工概况，地理环境，危险源、危险点、设备分布情况。告诉大家：建筑施工有着很多特点，露天作业多、手工操作频繁。塔吊覆盖整个现场，立体交叉作业，高空作业等等。

5.8 特别注意

施工现场环境是一个危险的环境。我们的职业是一个高危职业。我们工作在危险之中。

共同研讨和探讨的问题：

那么我们怎样才能在危险的工作中保障安全生产呢?

结论：通过探讨和研讨，只有一种方法。那就是必须遵照国家制定的方针、政策、法律、法规。严格执行操作规程。坚决杜绝"三违"。作好安全防护。严格执行劳动防护用品的正确使用。确保安全资金的投入。这样才能有效的防止安全事故的发生。

1) 作为施工者个人我们首先要作到：

了解工作环境，危险点。可能发生的危险情况。对一切防护设施、设备要加以保护，严禁拆改、挪用。做到"三不伤害"。

2) 作为施工企业我们应该作到：

为施工人员创造一个安全的生产环境，一个和谐的生活环境。提供一个能展现自我的操作平台，发挥他们无限的创造力和充分想象力。在建筑工地中充分的体现自我，创造自身的价值。

讲述一个由于违章操作，最后导致死亡的案例。(告诫大家遵章是生命的保障)

案例：2002年某工地。架子工李某在高楼的13层搭设挑架。一层赵某急需钢丝绳。李某见四周无人，拿起钢丝绳，直接从13层窗口将钢丝绳抛下。往下仍的过程中，钢丝绳将李某右腿缠住，直接将李某带到楼下，当场摔死。

案例分析：由于李某的违章操作。是造成李某死亡直接原因。

结论：施工中的危险是潜在的。但不是不可以预防的。关键在于您是否意识到了潜在的危险。积极预防，树立“安全第一”的思想意识，规范自己的行为，应该是有效避免事故的最好途径。

问：人在什么情况下会失去自由？

提问的目的是提高人们的法制观念。让人们懂得“遵章守法”是您的义务。只有遵章守法才会得到自由、幸福。幸福是靠双手创造出来的。法律是严肃的、神圣的、不可侵犯的。（讲述一个以身试法，最后受到法律严厉制裁的案例）告诫大家，从中吸取教训。

（中国建筑一局（集团）有限公司五公司安全部　张衡）

6. 施工现场工人入场安全教育

（自我防护）

6.1　教育目的

利用多种形式教育工人，使他们懂得“遵章守法、关爱生命”的真正含义，提高遵法、守法意识，加强安全生产中的自我保护意识。

6.2　教育难点

（1）由于施工任务紧张，在正常工作时间内，组织工人学习有难度。

（2）根据施工现场工作量的情况，工人进出场比较频繁。

6.3　教育方法

利用业余时间，分期分批的教育，首先对班长以上管理人员进行安全教育，然后在对各班组进行有针对性安全教育。

6.4　教育时间

每次进行约30～40分钟。

6.5　预期效果

(1) 通过互动交流，使学员认识“树立安全意识”的重要性；

(2) 能在劳动中规范自己的行为，并能增加一些“渴望学习，掌握技能”的欲望。

6.6　教育过程

(1) 首先，我们组织现场管理人员学习国家的安全法律、法规和《北京市安全生产条例》等文件，提高管理人员的法律、法规意识和岗位责任意识，加强安全管理工作。

(2) 在安全月中，我们对现场工人进行了再教育工作，尤其是我们根据各班组的工作任务不同，进行了有针对性的教育，指出生产中哪里是最危险的地方，哪里是最易发生事故的地方以及班组的工作性质、范围等。我们对安全巡查员也进行了专业知识培训，使他们在日常的生产检查中对临时用电、机械、起重等专业知识方面有所提高，同时也对冬雨期施工检查中的注意事项等对安全巡查员进行了培训。

(3) 在安全生产月中，大力宣传安全生产的重要性和必要性，使工人们更加深入了解安全生产的意义。以板报、标语、安全旗、安全知识挂图、会议等各种形式宣传安全法律、法规，普及安全知识，贯彻执行国家的安全生产法，用事实案例教育大家怎样才能做到“遵章守法、关爱生命”。

例一：

某一个工地，在1996年电梯井内抹灰施工，当时电梯井搭设的是防坠平台，满铺脚手板，两人在里边墙上抹灰，人站在电梯井平台上抹灰，够不着就拿来一个凳子，为省事，顺手把平台上的脚手板拿出两块搁在凳子上，就上去抹灰，下来时未注意自己把脚手板已经拿到凳子上，留下了安全隐患，不慎坠落身亡。

因此，大家不管在什么地方干活，首先考虑的是自己的安全和他人的安全，不能随意拆除防护设施，留下安全隐患，造成安全事故的发生，请大家珍惜自己的生命和他人的生命。

例二：

1998年12月某工地发生一起群死群伤的事故，信号工的上岗证件是伪造的，未经专业正式培训，上岗指挥，由于指挥信号错误导致一起群死群伤事故，事故原因是信号工利用他人的证件底本，贴上自己的照片。不懂起重吊装指挥的常识，在吊装电梯井拖盘时因吊装方法错误，未采用四点固定吊装法。指挥人员没有吊装经验采用兜底吊装法，几个操作人员站在拖盘一侧时，突然拖盘侧滑而使拖盘侧翻，拖盘上几个人滑入电梯井内，此时楼建到12层，由于电梯井无防护水平安全网，把电梯井当成垃圾道使用（建筑法明文规定，电梯井严禁当垃圾道使用），当时几个人掉到电梯内坠落死亡。

由于违章指挥、违章操作导致了这次事故的发生，如果不违章指挥、不违章操作，就会避免这次事故的发生，违章指挥和违章操作人员被抓，判刑入狱，领导受处罚，给事故者家庭带来了不幸、痛苦和损失。

通过这件事，我们得出结论，要珍惜自己的生命，不要违章指挥、不要违章作业，要遵守劳动纪律，大家千里迢迢来为国家搞建设，要平平安安地挣钱回家，和家人团聚，通过此例的讲解使大家提高安全意识，认识到安全生产的重要性。

（中国建筑一局（集团）有限公司五公司　卫立）

7. 施工现场工人入场安全教育

（行为）

7.1　教育目的

通过事实及实例向工人讲述安全生产的重要性，提高工人的安全防护意识，增强安全观念。

7.2　教育重点

使工人在施工过程中真正的提升自身的安全意识。

7.3　教育时间

30～40 分钟。

7.4　教育方法

现场宣讲、互动式交流、分组讨论。

7.5　预期效果

在施工现场营造出一种“人人说安全、人人懂安全、人人想安全”的良好氛围。

7.6　教育过程

“安全”事关人民的幸福、国家的发展、社会的稳定，一切生产活动如果没有安全给予强有力的保障，任何事情都将无从谈起。对建筑施工企业来说，“安全生产”更是最重要且必不可少的一环，它与企业的兴亡及个人的得失息息相关。

为了提高和加强广大职工在施工现场作业中的自我安全防范能力，增强安全意识，尽量做到少出或不出安全事故，有针对性地在施工现场对操作工人进行安全教育就显得极为重要。

通过“摆事实、讲道理”；“说规则、谈感想”；“比智慧、考脑力”。这三种方法详细阐述安全的重要性，引起工人们对安全的关注，从而激发他们的安全意识。

（1）摆事实、讲道理

对于每天都在建筑工地辛勤的工作，与脚手架、钢筋、模板、混凝土打交道的人来说，每个人都希望安全永远陪伴在自己的身边，这就需要我们每一个人真真切切的去做。“高高兴兴上班来，平平安安回家去”，这则经久不衰的“口号”早已深深扎根在我们每个人的心间。但在现实的工作当中，无数血的事实告诉我们，安全是一个极其重要且不容忽视的问题。安全不是一句空话，下面我们通过一个实例来说明安全的重要性。

某工地为抢进度，在未经项目技术负责人及安全部门批准的情况下，为了节约成本，减少劳动强度，外协施工队擅自改变原施工组织设计中外装饰脚手架的搭设方案，草草的做出了一份简单的脚手架搭设修改方案，没有对建筑物的复杂部位给予充分考虑。在脚手架搭设完成后，在没有组织有关部门对脚手架进行验收的情况下，就组织施工人员上架进行作业，由于正值雨期，地基不稳，脚手架的搭接及自身强度不够，几天后，一座刚刚搭起的近 50 米高的双排钢管脚手架突然坍塌，10 余名在脚手架上作业的工人同时坠落，被压在倒坍的架子下面，造成 4 人死亡，其余人负伤的惨剧。

此次事故的发生是偶然的，也是必然的，这个惨痛的事实告诉我们，“安全无小事”，如果不注意，它会随时发生在建筑工地。这个事故说明，这个工地上到管理人员，下到操作工人安全思想意识淡薄，没有意识到危险的存在，未严格按照施工组织设计规定的方案执行，未经批准，自作主张，擅自改变施工方案。没有经过安全管理部门同意及验收就擅自使用脚手架，同时项目部的各级管理人员也未尽到监督管理责任。对脚手架搭设完成后存在的安全隐患没有预见性，其中包括对一些重点及关键部位没有进行充分考虑，对一些薄弱区域没有处理好，脚手架与建筑物拉接不牢固，地基未平整夯实，这些都是造成事故的原因。其实只要我们增强安全意识，规范的组织施工，此类事件是完全可以避免的。

（2）说规则、谈感想

“安全”是一个老生常谈的问题，无论是久经建筑工地的老将，还是刚刚“入伍”的新兵，对安全问题说得再多也不为过。借这个机会，通过对一些规则的讲解，对一些常识性问题的表述，强调安全的重要性，以加深施工人员印象。

1）首先要贯彻党和国家关于施工安全的方针、政策、法规、标准及安全技术知识、设备性能、操作规程、安全制度、严禁事项及本工种的安全操作规程。

2）特殊工种工人必须参加主管部门的培训班，除进行一般安全教育外，还要经过本工种的专业安全技术教育，经考试合格后持证上岗，严禁无证上岗作业。

3）禁止穿拖鞋或光脚进入施工现场，为防止磕碰或落物砸伤头部，进入现场必须佩戴安全帽，并系好下颏带；电气焊工应戴绝缘手套、穿绝缘鞋；其他施工人员也应按规定穿戴防护用品。

4）作业工人应服从管理人员和项目部安全检查人员的指挥，遵守劳动纪律，坚守岗位，作业时思想要集中，严禁酒后施工，在施工现场不得吸烟，不得随意进入危险地方触摸非本人操作的设备、电闸、阀门、开关等，要严格按照操作规程操作，不要违章作业，对违章作业的指令有权拒绝，有责任制止他人违章。

5）进入施工现场作业人员必须注意临电安全，尽量不接触电缆电线，远离危险源。总包单位应与分包单位签订临时用电管理协议，明确各方相关责任，施工现场临时用电必须由电气工程技术人员及安全人员负责管理。临时用电配电线路必须按规范架设整齐，架空线路必须采用绝缘导线，不得采用塑胶软线。电缆线路必须按规定的附着物敷设或采用埋地方式敷设，不得沿地面明敷设。各类配电箱、开关外观应完整，牢固、防雨、防尘，箱体应外涂安全色标，统一编号，箱内无杂物。在采用接零或接地保护方式的同时，必须逐级设置漏电保护装置，实行分级保护，形成完整的保护系统。漏电保护装置的选择应符合规定。施工现场使用移动式碘钨灯照明，必须采用密闭式防雨灯具。碘钨灯的金属灯具和金属支架应做好接零保护，金属架杆手持部位采取绝缘措施。电源线应使用护套电缆线，电源侧装设漏电保护器。

以上所涉及到的现场安全问题，虽不是面面俱到，但也涵盖了施工现场所存在的主要安全问题，在施工现场，如发现不安全因素，应及时采取措施，把不安全隐患消灭在事故发生之前，“勿以恶小而为之，勿以善小而不为”，在施工现场应始终树立安全生产无小事的责任观念。

在施工现场应建立起互帮、互助的良好氛围，做到“人人都是安全员”，任何人发现工地存在安全隐患都有义务指出来并汇报。同时施工班组长对施工责任区的安全问题进行自查自检，要检查上岗人员的劳动防护情况，每个岗位周围作业环境是否有安全隐患，机械设备的安全保险装置是否完好有效，各类安全技术措施的落实情况等。对不属于本工种工作范围内的事，切忌擅自搭、拆或操作，并做好安全交底记录。

（3）比智慧、考脑力

经过上述两方面的学习，使工人师傅对现场安全有了一个全新的认识，下面将通过互动问答的方式，进一步加深工人师傅对现场安全问题的了解，激发工人师傅们的创造性。

（采取自愿结合小组、各班组委派代表或抢答的方式）

1）《中华人民共和国安全生产法》是那一年开始实施的？该法共有多少条？

2）安全生产的方针是什么？

3）建筑业颁发的“五大伤害”指哪些？

4）槽、坑、沟边堆土高度不得超过多少米？

5）安全带的使用寿命一般为几年？使用几年后，应按批量抽检？

6）脚手板应铺满、铺稳，离墙面不得大于多少厘米？

7）美国的“9.11”事件是一次震惊世界的恐怖主义袭击，它对当今国际安全问题提出了严峻的挑战，在此事件后，各国都对本国的安全给予广泛的关注，制定相应的政策，请问此事件发生在哪年哪天？

7.7 总结

安全生产事关企业的生死存亡，只有靠施工现场每个人同心协力，把专业技术、生产管理、数理统计和安全教育集合起来，始终树立“安全工作、人人有责”的观念，才能把安全生产工作落实到实处。

目前，我们国家在进行大规模的基础设施的建设，我们作为将安全生产摆在重中之重位置的建筑企业，更应该认真贯彻落实国家出台的关于加强安全生产的各项法律法规，全面贯彻科学发展观，着眼于构建社会主义和谐社会，坚持以人为本，大力弘扬安全生产的重要性。只有这样，才能把安全生产工作做好，防止和减少生产安全事故，保障人民群众生命和财产安全，促进经济发展，不辜负党和人民的重托。

（中国建筑一局（集团）有限公司五公司　王超）

8. 施工现场工人入场安全教育

（常识）

8.1　教育目的

（1）了解施工现场的劳动纪律；

（2）知道现场施工作业中的危险部位，以及在这些部位施工时如何做好个人防护和防止伤害他人；

（3）提高新入场工人的安全意识，使他们意识到如果违反劳动纪律，很容易发生安全事故。

8.2　教育难点

（1）进入施工现场的基本准则；

（2）熟练掌握“三宝”的使用方法；

（3）现场危险部位的认识；

（4）其他注意事项。

8.3　教育方法

讲授与幻灯演示、实地示范相结合。

8.4　教育时间

30～40 分钟。

8.5　教育过程

（1）进入施工现场的基本准则

如图 8-1，图 8-2。

图 8-1　现场警示牌（一）

图 8-2　现场警示牌（二）

1）严禁赤脚、穿拖鞋进入施工现场，严禁酒后作业，严禁穿易滑的鞋进行高处作业。

2）高处作业必须系好安全带。

3）严禁随地大小便。

4）严禁在施工现场吸烟。

5）不准从正在起吊、运吊中的物件下方通过。

6）不准从高处往下跳。

7）不准从高处临边的防护栏杆外行走。

8）不准进入有高空作业的区域。

9）严禁夜间在无任何照明的工地现场行走。

10）严禁擅自拆改、移动安全防护设施。需临时拆除或变动安全防护设施时，必须经施工技术管理人员同意，并采取相应的可靠措施。

11）严禁从高处向下方抛掷或者从地处相高处投掷物料。

12）作业前必须检查工具、设备、现场环境。

13）作业时应保持作业道路畅通、作业环境整洁。

14）作业时必须遵守劳动纪律，精神集中，不得打闹。

（2）熟练掌握“三宝”的正确使用方法（实地示范正确的使用方法）

如图8-3～图8-6。

安全帽：

1）检查外壳是否有破损。

2）检查是否有帽衬，无帽衬的绝对不允许使用。

图8-3 现场警示牌（三）

图 8-4 现场警示牌（四）

3）检查帽带是否齐全。

4）重点强调在现场随时佩戴安全帽，并且必须系好帽带，现场作业中，不允许随意将安全帽搁置一旁，或当坐垫使用。

安全带：

在距地 2m 以上作业属于高空作业，必须挂安全带。安全带必须高挂低用。

图 8-5 现场警示牌（五）

熟练掌握“三宝”的正确使用方法

- 安全网：
- 安全网的搭设和拆除要严格按照施工负责人的安排进行，不允许随意私自拆除安全网，也不允许随意向网上乱抛杂物或撕坏网线，网上掉落杂物要随时清理。
- 施工现场使用的安全网、密目式安全网必须符合GB5727—1997、GB16909—1997标准。

图8－6　现场警示牌（六）

安全网：

安全网的搭设和拆除要严格按照施工负责人的安排进行，不允许随意私自拆除安全网，也不允许随意向网上乱抛杂物或撕坏网线，网上掉落杂物要随时清理。

（3）现场危险部位（使用幻灯演示）

如图8－7～图8－11。

“四口”：楼梯口、电梯口、预留洞口、通道口

“五临边”：沟、坑、槽、深基础周边，楼层周边，梯段侧边，平台、阳台边，屋面周边。

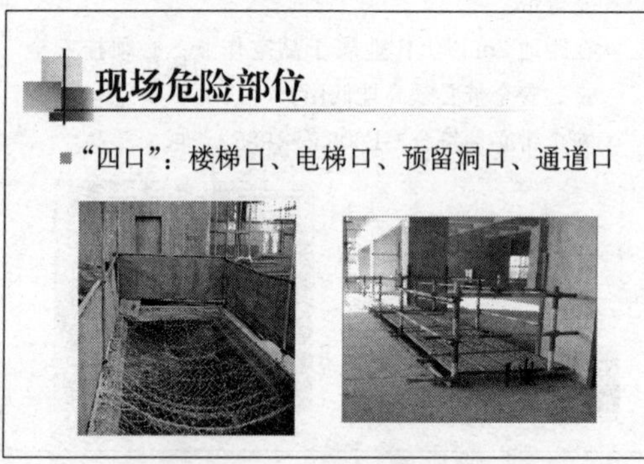

图8－7　现场警示牌（七）

图 8-8　现场警示牌（八）

图 8-9　现场警示牌（九）

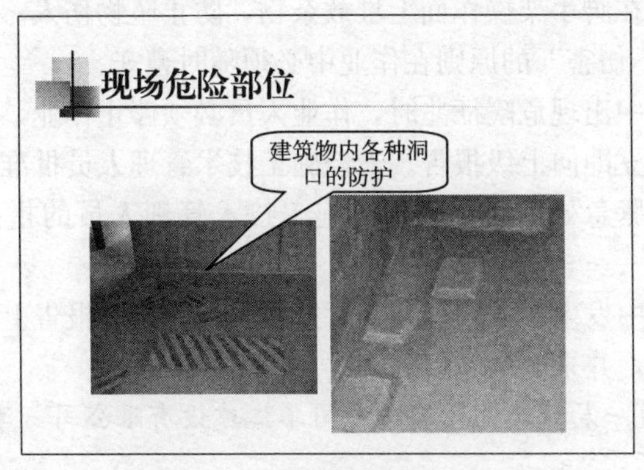

图 8-10　现场警示牌（十）

这些地方是容易发生事故的地方，要特别小心，这些地方的防护设施严禁私自拆除。

(4) 其他注意事项

所有工人有权拒绝各级领导的违章指挥。

其他注意事项

- 所有工人有权拒绝各级领导的违章指挥。
- 非电工禁止私自接线，电工严禁带电作业，使用I类用电设备必须穿戴绝缘手套、绝缘鞋。
- 严禁在脚手架操作面上堆放杂物，防止坠物伤人。
- “三不伤害”的原则在作业中必须随时遵守。
- 作业中出现危险征兆时，作业人员必须停止作业，撤至安全区域，并立即向上级报告。未经施工技术管理人员批准，严禁恢复作业。紧急处理时，必须在施工技术管理人员的指挥下进行作业。
- 作业中发生事故，必须及时抢救人员，迅速报告上级，保护事故现场，并采取措施控制事故。

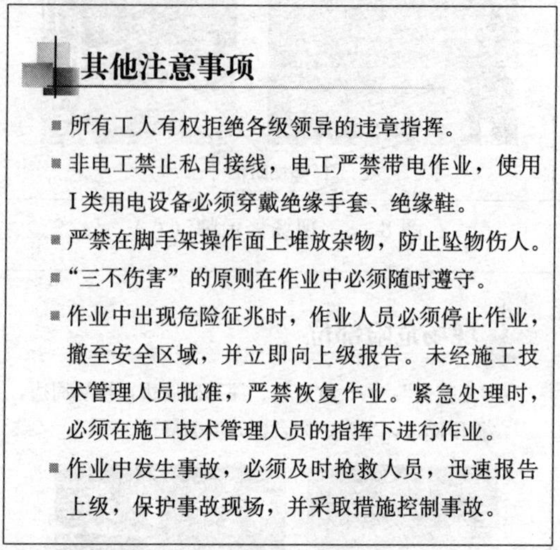

图 8-11　现场警示牌（十一）

非电工禁止私自接线，电工严禁带电作业，使用I类用电设备必须穿戴绝缘手套、绝缘鞋。

严禁在脚手架操作面上堆放杂物，防止坠物伤人。

“三不伤害”的原则在作业中必须随时遵守。

作业中出现危险征兆时，作业人员必须停止作业，撤至安全区域，并立即向上级报告。未经施工技术管理人员批准，严禁恢复作业。紧急处理时，必须在施工技术管理人员的指挥下进行作业。

作业中发生事故，必须及时抢救人员，迅速报告上级，保护事故现场，并采取措施控制事故。

(中国建筑一局（集团）有限公司华江建设有限公司　李春)

9. 施工现场工人入场安全教育

（意识）

9.1　教育目的

使受教育者了解施工现场的特殊环境、危险点和提高安全意识。

9.2　教育重点

针对新工人安全知识了解得少和自我防护能力差，利用事故案例和危险情况对新工人进行深入浅出的教育。

9.3　教育方法

采取集中教育形式，将新入场的工人集中组织起来，由安全总监讲课。

9.4　教育时间

40分钟左右。

9.5　预期效果

本着安全教育三步走的程序，争取达到使新工人“从不知到知，从不会到会，变要我安全为我要安全”的目的，提高新工人的安全意识，自觉遵章守纪，杜绝事故发生。

9.6　教育过程

首先，将北京市2004年建筑业发生的安全事故向新工人通报一下，2004年北京市建筑工地发生各类事故76起，死亡78人，联合力量工人占75人。高空坠落事故比例高，发生事故的高峰期集中在7、8、9月份。目前安全生产形势依然严峻，因工伤亡事故不断发生。施工现场安全管理不到位是最主要原因，其他原因是，联合力量工人缺乏基本的安全技能、安全知识，存在自我保护意识差，安全投入不足等现象。建筑行业是国家列出的四个高危行业之一，只有做好工人的安全教育工作，提高每个施工人员的安全意识，才能避免事故发生。

为什么说建筑业是高危行业之一呢？这和建筑施工的特性有关，建筑施工特性如下：

（1）产品固定，在连续几个月或几年的时间里需要在有限的场地集中大量的工人、建筑材料、机械设备等进行施工，多个分包单位同时作业，交叉作业繁多；

（2）露天及高处作业多，在一栋建筑物的施工作业中，露天作业约占整个工作量的70%，高处作业约占90%，致使现场易受自然环境因素影响，并易发生高处坠落事故；

（3）使用大型施工机械和设备较多，容易产生机械伤害；

（4）手工劳动及繁重体力劳动多，致使作业人员容易疲劳、注意力分散和出现误操作；

（5）生产工艺和方法多样，而且，随着工程的进展，施工现场的施工状况及危害和风险也随着变化；

（6）施工现场的作业人员主要为承包方，人员素质参差不齐，文化层次较低，安全意识淡薄，容易出现违章作业和冒险蛮干；

（7）施工流动性大，施工现场变化频繁。

建筑施工的固有特点和施工特性造成的不安全因素较多，再加上工人缺乏基本安全技能、安全知识、自我保护意识，所以造成安全事故频繁发生。

我从事安全管理工作十几年，所知道的安全事故不少，下面和同志们讲个事故案例：

事故发生在20世纪90年代，在一个正从事地下室结构施工的工人。下午1∶30时上班，钢筋工小李22岁，在前往地下室的作业面去的道上，不慎跌到，左眼眶撞到地上为固定大模板所预埋的$\phi14$螺纹钢上，小李当时一咬牙猛抬头，把钢筋从头中拔出来了，大家立即把他送往医院。因为是伤在眼眶，把他送到眼科治疗，眼科的老大夫试了试他的视力，一看没事，大家都松了一口气，认为眼睛保住了，只是对伤口消消毒，缝上几针就行了，可是，接下来的情况就不像我们想象的那样简单了。

首先，眼科的老大夫发现伤者身上有吐的残物，问：伤者是否吐过。送伤者的人说：来的路上吐了几次。老大夫很有经验的说：他眼睛没有太大的问题，可是大脑可能有问题。并立即给脑外科打电话，脑外科的大夫来了后让小李动动右臂和右腿，小李的右臂和右腿已无任何反应了。大夫要求赶快去照 CT，照出的片子已清晰的看出，脑内已有大量的积血。大夫说：人已经很危险了，要立即做开颅手术。大家立即忙开了，这边办手续；那边带小李做手术前的准备工作。到下午 4 点时，将小李推到手术室时，他已处于昏迷状态。开颅手术做了 9 个小时，手术很成功，夜间将小李推出手术室，第二天凌晨 4 时，小李的痰吐不出来了，大夫又把小李推进手术室，进行气管外露手术。之后小李在医院养了半年，出来后右臂和右腿还是行动不太便利。

通过这起事故，使我们认识到建筑施工现场的危险性。它不同于人员拥挤的商场、整齐热闹的厂房、花香草绿的公园和果实累累的稻田。我们在建筑施工现场从事作业时一定要注意安全，下面讲几项安全注意事项：

(1) 确立安全第一的思想，不安全的作业环境，工人有权拒绝施工。

(2) 进行作业时，要严格执行安全交底，不得违章作业，不得违反各项规章制度。

(3) 加强安全自我学习，通过自学和接受各种教育，快速掌握安全知识和技能，提高安全意识，提高自我防护能力，规避事故发生。

(4) 搞好作业面的安全防护，防护不到位时，做好防护后再进行作业。

(5) 做好文明施工，做到工完场清，保持通道畅通，结构周边不得堆放材料，以防坠落伤人。

(6) 严禁在施工现场吸烟，动火作业时要采取消防措施，杜绝火灾事故发生。

(7) 作业时要注意上下、左右、前后的安全，严禁向下扔各种物品。进入施工现场必须戴好安全帽，在无防护的高处作业时必须系好安全带，注意行走安全。

(8) 不私自接线，带电线路严禁拖地使用，操作移动电动工具时要戴绝缘手套，做到三级配电、逐级漏电保护，严禁擅自拆除电闸箱内的电气配件。

(9) 特殊工种人员必须经培训，考试合格后持证上岗。每月一次专业培训，非特殊工种人员不得从事特殊工种作业。

(10) 机械设备操作要遵守设备的操作规程，各种防护齐全，按时保养。

在全国十届人大三次会议上，温家宝总理在政府工作报告中，把加强安全生产工作、预防和减少重大特大事故的发生作为政府“维护社会稳定，努力构建社会主义和谐社会”的一项重要任务，并强调：我们必须认真吸取这些惨痛的教训，采取更加有力的措施加强安全生产工作。要全面贯彻落实温家宝总理讲话精神，切实加强当前安全生产工作。

我们国家正在走新兴工业化的道路，随着小康目标的实现，安全生产的环境会大为改观。要有效地遏制事故发生，实现本质安全，安全生产的水平要赶上中等发达国家的水平。

（中国建筑一局（集团）有限公司土木公司　刘树魁）

10. 施工现场工人安全教育

（安全教育提示卡和基本知识）

10.1 教育目的

使工人了解基础的安全知识，掌握新工人进场后的基本安全防护的能力。

10.2 教育重点

入场工人文化素质参差不齐，多数学员缺少现场基础常识。

10.3 教育方法

(1) 进厂三级安全教育期间发提示卡，提高教育质量，施工现场应准备小礼品（安全扑克、毛巾、肥皂、水杯等）。

(2) 用提问的方式，引导学员得出结论。

10.4 教育时间

两课时（每课时 45 分钟）。

10.5 预期效果

(1) 使学员认识到刚入场的危险性。

(2) 使学员了解入场的基本规律。

(3) 使学员掌握入场基本的知识。

10.6 教育过程

(1) 为什么要给大家发安全提示卡？

大家平时在乡镇务农，来到建筑施工现场，工作中都会遇到危险，一旦发生事故时，大家有安全提示卡在手，如发生的事故在安全提示卡中已经提示到，大家能有足够的应变能力，减少事故造成的损失。

(2) 安全提示卡的重要意义：

安全提示卡是一种入场的宣传品，要了解和掌握安全提示卡的基本内容。在施工过程中，会发生各种各样的安全事故，如果不注意安全，发生事故时就会造成人身伤亡和财产损失，有时可能会发生群死群伤事故，使人民生命财产和企业都受到巨大损失。

(3) 预防事故的类别

1) 物体打击

a. 正确戴好安全帽，出入通道口时须眼观六路，避免交叉作业；

b. 施工作业时避免往下抛物，以免伤人。

2) 机械伤害

a. 使用电锤、电钻时，要正确接电源线；

b. 正确使用护目镜，防止伤害眼睛；

c. 下班切断电源，拆除电锤、电钻连接线后下班；

d. 操作搅拌机的人要有操作证，配合人员注意前后料台的安全距离，配合人员不得操作搅拌机。

3）触电

a. 正确使用三级临时用配电箱；

b. 检查配电箱的漏电保护器是否完好；

c. 请专业电工接线；

d. 电气连接、维修必须由持证电工完成，非持证电工严禁操作；

e. 工地临时用电必须使用漏电保护配置，严禁使用有故障的漏电保护装置，更不可蓄意破坏漏电保护装置；

f. 严禁在地下管线不明的地方进行挖掘，电气用具使用完毕，必须关掉电源。

4）火灾

a. 施工现场禁止吸烟，违者处罚；

b. 电气焊等动火前必须申请动火证；

c. 动火人员应有相应的资质证书，动火前应检查动火场所，准备灭火器材（灭火器、水桶、干砂），安排看火人员；

d. 高处动火应有接火措施，下方严禁有易燃物品；防火设备应装置齐全（回火阻止器、压力表等），正确使用防护用品。

5）高处坠落

a. 不得使用有故障和不稳定的梯凳，不得将梯凳放置在松软或脆弱、易塌的物品上，门口通道处使用梯凳，要有专人看护；

b. 梯凳不稳定时，应请他人帮助扶稳，梯凳上端应超出搭接点 1 米，梯凳严禁放置在无防护的临边。

6）爆炸

a. 使用射钉枪必须统一管理，射钉弹每天按使用数量发放，禁止操作工人私自存放，避免保管不慎引起的爆炸；

b. 氧气、乙炔要存放在各自的专用仓库；

c. 建筑物内禁止存放易燃易爆的材料，如油漆、烯料以及易燃的其他物资，防止各类事故起火引起的爆炸。

7）车辆伤害

a. 车辆禁止进入建筑物内；

b. 进出厂的车辆限速每小时5公里；

c. 场内机动车禁止无证驾驶；

d. 汽车吊司机必须持有驾驶证驾驶；

e. 行人要礼让机动车。

8）夜间施工

a. 夜间施工时，照明要良好；

b. 禁止大声喧哗；

c. 下班时人走灯熄；

d. 拉闸切断电源。

9）成品保护

a. 进入施工区域段，必须持安全上岗证；

b. 禁止钢制梯子进入楼层；

c. 禁止穿带钉的鞋；

d. 禁止钝器伤害地面，保护墙面。

（4）施工现场“十不准”

1）不戴好安全帽，不准进入施工现场；

2）不系安全带，不准悬空高处作业；

3）不是机械操作人员，不准开动机械设备；

4）高处作业不准打打闹闹，不准从高处向下抛掷杂物；

5）吊钩下不准站人；

6）龙门（井）架不准乘人上下；

7）不准穿高跟鞋、拖鞋或光脚进入施工现场；

8）不准擅自拆动施工现场的脚手架等防护设施、安全标志和警告牌；

9）不准酒后上岗作业；

10）不准带小孩进入施工现场。

（5）建筑施工安全基本知识

在1997年5月9日，江泽民同志对安全生产工作做了三条重要指示：1）坚决树立安全生产第一的思想。任何企业都要努力提高经济效益，但是必须服从安全第一的原则。要防止一切麻痹松懈的思想和骄傲自满的情绪，尤其是交通运输、煤炭、电力、石油、化工、林业等部门及其企业更要重视安全。2）认真完善安全生产的规章制度，并且坚决贯彻执行，改变那种纪律松弛、管理不严，有章不循的情况，对责任事故要严肃追查责任者，从严处理。3）提高政治警惕，严防政治破坏，各级政法部门要严厉打击破坏安全生产的犯罪活动，依法从严惩处。

隐患险于明火，防范胜于救灾，责任重于泰山。

安全法规：

1）安全生产方针：安全第一，预防为主。

安全第一，就是在生产和安全发生矛盾的时候，生产要服从安全。

预防为主，就是防患于未然。

2）管生产必须管安全。在计划、布置、检查、总结、评比生产时，必须同时计划、布置、检查、总结、评比安全。

3）我国宪法第42条指出：中华人民共和国公民有劳动的权利和义务。

国家通过各种途径，创造劳动就业条件，加强劳动保护，改善劳动条件，并在发展生产的基础上，提高劳动报酬和福利待遇。

4）《中华人民共和国刑法》

第134条：工厂、矿山、林场、建筑企业或者其他企业、事业单位的职工，由于不服从管理、违反规章制度，或者强令工人违章冒险作业，因而发生重大伤亡事故或者造成其他严重后果的，处三年以下有期徒刑或者拘役；情节特别恶劣的，处三年以上七年以下有期徒刑。

第135条：工厂、矿山、林场、建筑企业或者其他企业、事业单位的劳动安全设施不符合国家规定，经有关部门或者单位职工提出后，对事故或者其他严重后果的，对直接责任人员，处三年以下有期徒刑或者拘役；情节特别恶劣的，处三年以上七年以下有期徒刑。

第 137 条：建设单位、设计单位、施工单位、工程监理单位违反国家规定，降低工程质量标准，造成重大安全事故的，对直接责任人员，处五年以下有期徒刑或者拘役，并处罚金；后果特别严重的，处五年以上十年以下有期徒刑，并处罚金。

5)《劳动法》有关规定

a.《劳动法》第三条：劳动者享有平等就业和选择职业的权利、取得劳动报酬的权利、休息休假的权利、获得劳动安全卫生保护的权利、接受职业技能培训的权利、享受社会保险和福利的权利、提请劳动争议处理的权利以及法律规定的其他劳动权利。

劳动者应当完成劳动任务，提高职业技能，执行劳动安全卫生规程，遵守劳动纪律和职业道德。

b. 劳动安全卫生方面：

第五十二条：用人单位必须建立、健全劳动安全卫生制度，严格执行国家劳动安全卫生规程和标准，对劳动者进行安全卫生教育，防止劳动过程中的事故，减少职业事故危害。

第五十三条：劳动安全卫生设施必须符合国家规定的标准，新建、改建、扩建工程的劳动安全卫生设施必须与主体工程同时设计，同时施工、同时投入生产和使用。

第五十四条：用人单位必须为劳动者提供符合国家规定的劳动安全卫生条件和必要的劳动防护用品，对从事有职业危害作业的劳动者应当定期进行健康检查。

第五十六条：劳动者在劳动过程中必须严格遵守安全操作规程。

劳动者对用人单位管理人员违章指挥、强令冒险作业，有权拒绝执行，对危害生命安全和身体健康的行为，有权提出批评，检举和控告。

第九十二条：用人单位的劳动安全和劳动卫生条件不符合国

家规定或者未向劳动者提供必要的劳动防护用品和劳动保护设施的，由劳动行政部门或者有关部门责令改正，可以处以罚款；情节严重的，提请县级以上人民政府决定责令停产整顿；对事故隐患不采取措施，致使发生重大事故，造成劳动者生命和财产损失的，对责任人员比照刑法第一百八十七条的规定追究刑事责任。

第九十三条：用人单位强令劳动者违章冒险作业，发生重大伤亡事故，造成严重后果的，对责任人员依法追究刑事责任。

c. 其他方面：劳动者在元旦、春节、国际劳动节、国庆节等重大节日期间享有休假的权利，用人单位不得无故延长劳动者的工作时间。用人单位不得非法招用未满十八周岁的未成年人。

6）国发（1993）50号《国务院关于加强安全生产工作的通知》提出：在发展社会主义市场经济过程中，各有关部门和单位要强化搞好安全生产的职责，实行企业负责、行业管理、国家监察和群众监督的安全生产管理体制。企业法定代表人是安全生产第一责任者，要对本企业的安全生产全面负责。在机构改革和企业转换经营机制过程中，对安全生产工作只能加强，不能削弱，要有机构和人员负责安全生产工作，要增加安全生产的资金投入，用好技措经费。通过技术改造消除事故隐患，改善劳动条件。

7）建设部第3号令《工程建设重大事故报告和调查程序规定》将工程建设中重大事故分为四级：a. 一级重大事故：死亡30人以上或直接经济损失300万元以上；b. 二级重大事故：死亡10人以上29人以下，或直接经济损失100万元以上不满300万元；c. 三级重大事故：死亡3人以上9人以下，或重伤20人以上或直接经济损失30万元以上不满100万元；d. 四级重大事故：死亡2人以下，或重伤3人以上19人以下的，或直接经济损失10万元以上不满30万元。

8）建设部第13号令《建筑安全生产监督管理规定》第七条明确规定：县级以上人民政府建设行政主管部门负责本行政区域建筑安全生产的行业管理工作。其主要职责负责对申报企业资质等级、企业升级和报评先进企业的安全资格进行审查或审批，行使安全生产否决权。

9）建设部第15号令《建设工程施工现场管理规定》要求：施工单位必须执行国家有关安全生产和劳动保护的法规，建立安全生产责任制，加强规范化管理，进行安全交底，安全教育和安全宣传，严格执行安全技术方案。施工现场的用电线路、用电设施的安装和使用必须符合安装规范和安全操作规程，并按照施工组织设计进行架设，严禁任意拉线接电，危险潮湿等场所的照明以及手持照明必须采取符合安全要求的电压。施工现场的各种安全设施，必须定期进行检查和维护，以保证其安全有效。

对于施工现场的安全设施不符合规定或管理不善的，县级以上地方人民政府建设行政主管部门根据情节轻重，给予警告、通报批评、责令限期改正、责令停止施工整顿、吊销施工许可证，并可处以罚款。

为了保障施工企业的正常生产，15号令规定：非建设行政主管部门对建设工程施工现场实施监督检查时，应当通过或者会同当地人民政府建设行政主管部门进行。

10）建设部颁发的《国营施工企业安全生产工作条例》明确规定：安全生产指标是考核企业的重要经济指标。凡年万人死亡率超过1.54的，负伤率超过36‰的，当年不能评为先进企业。

11）“一个标准、三个规范”是指：《建筑施工安全检查标准》；《施工现场临时用电安全技术规范》；《建筑施工高处作业安全技术规范》；《龙门架及井架物料提升机安全技术规范》。

12）《建筑法》有关规定：

第三十六条　建筑工程安全生产管理必须坚持安全第一、预防为主的方针，建立健全安全生产的责任制度和群防群治制度。

第三十七条　建筑工程设计应当符合按照国家规定制定的建筑安全规程和技术规范，保证工程的安全性能。

第三十八条　建筑施工企业在编制施工组织设计时，应当根据建筑工程的特点制定相应的安全技术措施；对专业性较强的工程项目，应当编制专项安全施工组织设计，并采取安全技术措施。

第三十九条　建筑施工企业应当在施工现场采取维护安全、防范危险、预防火灾等措施；有条件的，应当对施工现场实行封闭管理。

施工现场对毗邻的建筑物、构筑物和特殊作业环境可能造成危害的，建筑施工企业应当采取安全防护措施。

第四十条　建筑施工企业必须依法加强对建筑安全生产的管理，执行安全生产责任制度，采取有效措施，防止伤亡和其他安全生产事故的发生。

建筑施工企业的法定代表人对本企业的安全生产负责。

第四十五条　施工现场安全由建筑施工企业负责。实行施工总承包的，由总承包单位。分包单位向总承包单位负责，服从总承包单位对施工现场的安全生产管理。

第四十六条　建筑施工企业应当建立健全劳动安全生产教育培训制度，加强对职工安全生产的教育培训；未经安全生产教育培训的人员不得上岗作业。

第四十七条　建筑施工企业和作业人员在施工过程中，应当遵守有关安全生产的法律、法规和建筑行业安全规章、规程，不得违章指挥或违章作业。作业人员有权对影响人身的作业程序和作业条件提出改进意见，有权获得安全生产所需的防护用品。作业人员对危及生命安全和人身健康的行为有权提出批评、检举和控告。

提问：当你与安全提示卡发生冲突时，你会怎么办？

安全提示卡是施工现场的最基本的安全知识，作为一名工人应当明白安全提示的重要性。

小结：如果介绍了这么多，大家应该对安全提示卡有了一定的认识，我们这堂课也就结束了，下面大家有不明白的地方可以自由提问。

注：1. 本教案在编制过程中参考了安徽省合肥市建筑安全监督站的宣

传册、合肥政务综合楼项目的安全提示卡。

2. 要求在讲述过程中尽量口语化。

（中国建筑一局（集团）有限公司安徽分公司　周振刚）

11. 心中多一分警惕，家里少一分担忧

11.1　教育目的

提高施工现场全员的安全施工意识，杜绝违章作业，避免安全事故。

11.2　教育难点

现场工人多为农民工，其文化水平及安全知识匮乏，对建筑行业的从业危险性认识不足，自我保护意识薄弱，技术水平低，施工用设备种类繁多。

11.3　预期效果

通过此次现场教育，使工人认识到施工现场的危险性，自觉遵章守纪，懂得保护自己安全的重要性，自觉按照法律法规及技术交底和作业指导书作业，避免安全事故，图 11－1 显示了安全的重要性。

11.4　教育时间

30 分钟。

11.5　教育方法

（1）活跃现场气氛，营造良好的沟通环境。

（2）对工人进行提问，问工人对施工现场如何认识、评价，引出钢结构施工的特点和危险性。

（3）通过举出生动的案例，加强工人的忧患意识

（4）通过提问、讨论等互动方式告诉工人违章作业的危害性，教工人如何遵章守纪，避免事故，保护自己。

11.6　教育过程

针对新入场的工人采用多媒体进行教学，生动讲述安全知识及施工操作安全注意事项，引入事例言传身教，加强其安全意

图 11-1　安全的重要性

识，杜绝违章作业。

(1) 活跃现场气氛

大家好，今天能和大家聚在这里，只说明一件事：缘分啊。我先给大家讲一个故事。从前在河边上有个小村庄，村里住着一位有钱的财主。一天，财主要把家搬到河对岸去。他带上所有的财产——两袋金子上了船。天有不测风云，小船突然漏了水，眼看船就要沉了，财主带着他的金子跳了船。他使劲的往河岸上游，可是由于金子太重，他怎么游也游不动。他大呼：救命！救命！河岸上的人冲他喊到："你快把手里的东西扔了，这样就能游过来了。财主说："不行，那可是我全部的财产，我不能丢，说完就连同他的金子一起沉入河底。

(2) 出行打工的目的

(提问) 大家想想，刚才那个财主为什么会丢了性命？钱和性命大家会选择哪一个？总结工人的回答得出：生命是最宝贵的财富！我们为什么从田地里走出来到城市里打工？我们从家里走出来，来到现在我们大家聚在一起的这个地方，就是为了赚钱养家，过上好日子！然而打工赚钱时要特别注意安全，因为生命是最重要的，生命没有了，就什么都没有了。

（3）介绍钢结构施工的危险性

大家谁能告诉我这两天来到现场都有什么感想，在我们工作、生活上都有什么事情对我们的生命造成威胁？（总结回答得出）在施工现场，危险无处不在！钢结构施工的特点是构件吊装需高处作业，现场焊接量大，并经常与其他专业进行交叉作业，这就决定了钢结构施工的高危险性，容易发生高处坠落、物体打击、触电、机械伤害四大危害，图 11－2 为现场的危险案例。

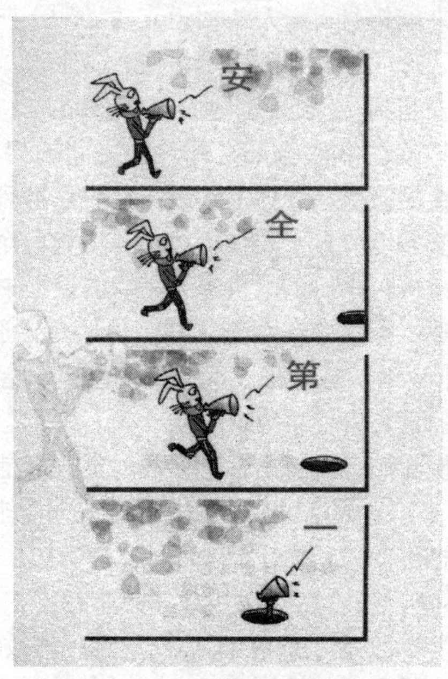

图 11－2　现场的危险案例

让我来给大家举两个血的例子。

一起是某单位“4.26”脚手架坍塌事故。2001 年 4 月 26 日上午8时40分左右，该单位三期工程合成回路大厅施工现场，由于网架厂8名工人在脚手架平台面上东北角拆卸成捆网架杠杆时，产生动荷载，东北角一侧脚手架弯曲变形产生倒塌，8人坠落，其中7人死亡，1人重伤。经调查认定，这是一起违章作业造成人员死亡的重大责任事故。

另一起事故是高处坠落引起的人员伤亡的事故。2001年，某地民营科技广场世纪花园工程施工现场，发生一起物料提升机钢丝绳断裂，造成3人死亡，1人重伤的重大伤亡事故。

7月30日，瓦工班长王某通知徐某、杨某、陈某、李某四名工人加班安装落水管，当晚21时左右4人开始作业，让无特种作业上岗证的人员朱某开卷扬机。施工现场无照明设备，徐某又找来电工取来碘钨灯，4人从楼道走道17层进入提升机吊篮开始安装水管。作业中未采取固定吊篮、施工人员未带安全带等安全措施，当安装到12层、距地面高度32m时，徐某在吊篮里举灯照明，李某站在吊篮与采光井装饰之间的架板上安装落水管，另两人站在吊篮里往墙体上钻眼，这时在吊篮上的徐某喊卷扬机司机将吊篮升上一点，卷扬机司机提一点，徐某又喊再升一点，在卷扬机司机再次启动电机提升吊篮的过程中，提升机钢丝绳突然发生断裂，徐某等4名工人随吊篮坠落，造成3人死亡，1人重伤。经事故组调查分析，这又是一起违章指挥、违章作业造成人员伤亡的重大责任事故。

从上面两例我们可以看出，大多数的事故都是因为工人麻痹大意，违章作业引起的恶果。再让我们来看看图11－3～图11－5统计的结果：

1）高处坠落：随着高空作业现场越来越多，高处坠落便成为主要事故，占事故发生总数的40%左右；事故多发生于“开口”即临边洞口处作业及脚手架、模板、龙门架（井字架）等上面的作业中。

从上图可看出，高处坠落事故主要集中在架上（脚手架）坠落、悬空坠落、临边坠落、“四口”坠落等四方面，它们占到高

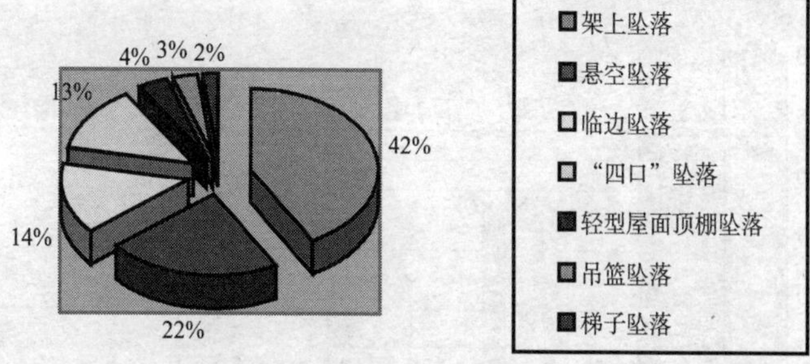

图 11-3　统计数据（一）

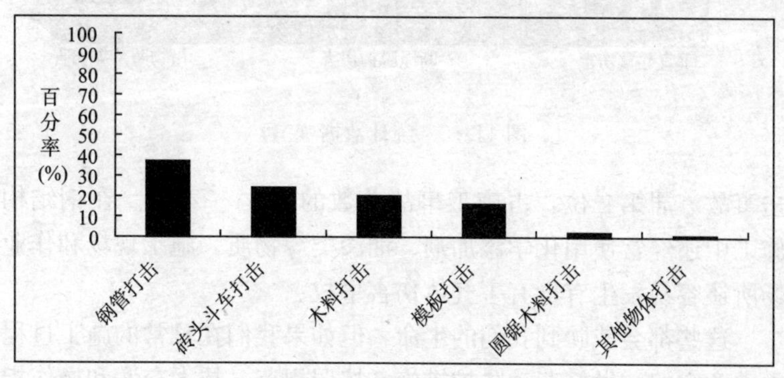

图 11-4　统计数据（二）

处坠落的 90％以上。

2）物体打击：物体打击事故也是重大灾害之一。建筑工程由于受工期制约，在施工中必然会有部分或全面的交叉作业，因此物体打击是建筑施工中常见事故，占事故发生总数的 12％～15％。

3）机械伤害：机械伤害事故主要指垂直运输机械或机具，钢筋加工、混凝土搅拌、木材加工等机械设备对人员的伤害。这类事故占事故总数的 10％左右，是建筑施工中第四大类伤害事故。

此外，触电事故及其死亡率都较高，近几年来已高于物体打

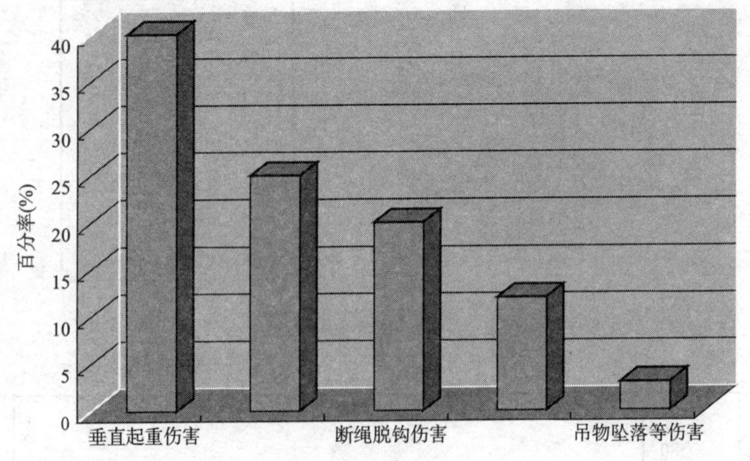

图 11-5　统计数据（三）

击事故，居第二位，占施工事故总数的 18%～20%。在钢结构施工中还经常使用化学添加剂、油漆类等物质，施工现场和作业场所还容易发生有毒有害气体伤害事故。

这些都会威胁到我们的生命，但如果我们在日常的施工过程中遵章守纪，做好劳动防护措施，按照规范、技术交底和操作指导书来工作，就可避免这些伤害。为了我们宝贵的生命，为了我们家里的父老乡亲的幸福，我们要安全警钟常鸣，心中多一点警惕，让家里少一分担忧。

所以，我们今天和大家一起学习的目的就是通过认识现场工作的危险，提高安全意识，珍惜自己宝贵的生命，不违规操作。

4）作好钢结构现场施工劳动安全防护

在这里，我将和大家再次聊聊我们的劳动保护，也就是我们常说的“三宝”：安全帽、安全绳、安全网。

①正确佩戴安全帽。（提问）从大家进入现场的第一天就被通知进出现场必须佩戴安全帽，安全帽顾名思义就是带帽保安全。然而有谁能告诉我怎样带安全帽才是安全的？（请几位工人

现场佩戴安全帽，让大家讨论谁的佩戴方法正确。）总结答案得出正确戴安全帽必须注意两点：帽衬与帽壳不能紧贴，应有一定间隙；当有物料坠落到安全帽上时，帽衬可起到缓冲作用，不使颈椎受到伤害。二是必须系紧下颚带，这样当人体发生坠落时，起到对头部的保护作用，如图11-6。

图11-6 安全帽的戴法

② 正确使用安全带

我们的工作有很大一部分都是在高处作业。我手上的这条安全带就是大家的救命带。他的用法是高挂低用，不准将绳打结使用，也不准将挂钩直接挂在安全绳上使用，应挂在连接环上使用。有些工人师傅为省事，不系安全带，这样带来的后果就是高处坠落，就会发生我刚刚给大家讲的那个血的教训：轻则重伤，重则死亡！

③ 正确使用安全网

安全网能有效地将施工危险源进行分隔，起到安全防护的作用，还可起到环保的作用。

④ 其他防护用品的使用

在带电作业时，必须穿绝缘鞋、戴绝缘手套，防止发生触电事故。电、气焊工人必须带电、气焊手套，穿绝缘鞋和使用目镜及防护面具。

（4）遵章守纪，杜绝违章作业

1）首先我们要严格按照技术交底和作业指导书来规范自己的作业。

2）在高处作业中我们需要注意以下事项：

穿紧口工作服，脚穿防滑鞋，头戴安全帽，腰系安全带。

遇到大雾、大雨和六级以上大风时，禁止高处作业。

高处作业暂时不用的工具，应装入工具袋，随用随拿。用不着的工具和拆下的材料应采用系绳溜放到地面，不得向下抛掷，应及时清理运送到指定的地点。

3）由于钢结构施工常常与土建施工及其他专业施工交叉进行，而交叉作业又增加了作业的危险性，所以在交叉作业时我们还必须注意以下事项：

作业人员在进行上下立体交叉作业时，不得在上下同一垂直面上作业。下层作业位置必须处于上层作业物体可能坠落范围之外；当不能满足时，上下之间应设隔离防护层。

禁止下层作业人员在防护栏杆、平台等的下方休息。

4）起重吊装安全常识

在钢结构施工中，吊装作业是重头戏。也是容易发生高处坠落事故的工作。我们必须遵守以下规定：

吊物前应对索具进行检查，符合要求才能使用。

吊散料要装箱或装笼。

吊长料要捆绑牢固，先试吊调整吊索和重心，使吊物平衡。

塔吊吊运的过程中，任何人不准上、下塔吊，更不准作业人员随吊物上升。

吊装提升前，指挥、司机索具及配合人员应撤离，防止吊物坠落伤人。

几种危险情形如图 11－7。

图 11－7　几种危险情形

5）消防安全

图 11－8，这两个标志大家在施工现场已经看到过了。它是用来警示消防的重要性。下面我给大家介绍一下在施工现场需要注意哪些方面，请看幻灯片。

图 11-8　标志

（5）结束语

时间过的很快，钢结构施工的安全施工操作规程还很多，在短短 30 分钟不能一一向大家详细说完，感谢大家抽出半小时的时间和我一起探讨生命的宝贵、遵章作业的重要性，希望这次的讨论能使大家更加珍惜我们的生命。为了我们宝贵的生命，为了我们家里的父老乡亲的幸福，让安全警钟常鸣，心中多一点警惕，让家里少一分担忧。再次感谢大家。

（中国建筑一局（集团）有限公司钢结构工程有限公司　刘佳）

二　安全防护管理

12. 新工人入场安全教育

（防护用品）

12.1　教育目的

通过入场安全教育，使工人认识到施工现场的危险无处不在，认识到建筑业是一个高危行业。通过入场安全教育，让工人学习到施工现场相关的安全防护用品知识，避免施工现场安全事故的发生。

12.2　教育重点

新工人入场安全教育，教育重点是施工现场重要防护用品的正确使用方法。

12.3　教育方法

通过多媒体演示、现场讲解及现场提问等方式将教育重点传授给工人。

12.4　教育时间

时间大约30分钟。

12.5　教育效果

通过新工人入场安全教育，工人们认识到了施工现场的危险性，学习到了如何正确使用安全防护用品，使工人们的安全意识得到提高，现场的安全形势得到了很大的改观。

12.6　教育过程

图12-1～图12-11为现场警示牌。

正确使用和佩戴劳动防护用品

安全帽使用注意事项：

（1）要有下颏带和后帽箍并拴系牢固，以防帽子滑落与碰掉；

（2）热塑性安全帽可用清水冲洗，不得用热水浸泡，不能放在暖气片上、火炉上烘烤，以防帽体变形；

（3）安全帽使用超过规定限值，或者受过较严重的冲击后，虽然肉眼看不到裂纹，也应予以更换。一般塑料安全帽使用期限为3年；

（4）佩戴安全帽前，应检查各配件有无损坏，装配是否牢固帽衬调节部分是否卡紧，绳带是否系紧等，确定各部件完好后方可使用。

图 12-1　现场警示牌（一）

正确使用和佩戴劳动防护用品

防护眼镜和面罩使用注意事项：

（1）护目镜要选用经产品检验机构检验合格的产品；

（2）护目镜的宽窄和大小要适合使用者的脸型；

（3）镜片磨损粗糙、镜架损坏，会影响操作人员的视力，应及时调换；

（4）护目镜要专人使用，防止传染眼病；

（5）焊接护目镜的滤光片和保护片要按规定作业需要选用和更换；

（6）防止重摔重压，防止坚硬的物体磨擦镜片和面罩。

图 12-2　现场警示牌（二）

正确使用和佩戴劳动防护用品

自吸过滤式防尘口罩使用注意事项：

（1）选用产品。其材质不应对人体有害，不应对皮肤产生刺激和过敏影响。

（2）佩戴方便，与脸部要吻合。

图 12－3　现场警示牌（三）

正确使用和佩戴劳动防护用品

防护手套使用注意事项（一）：

（1）防护手套的品种很多，根据防护功能来选用。首先应明确防护对象，然后再仔细选用。如耐酸碱手套，有耐强酸（碱）的、有耐低浓度酸（碱），而耐低浓度酸（碱）手套不能用于接触高浓度酸（碱）。切记勿误用，以免发生意外。

（2）防水、耐酸碱手套使用前应仔细检查，观察表面是否有破损，采取简易办法是向手套内吹口气，用手捏紧套口，观察是否漏气，漏气则不能使用。

图 12－4　现场警示牌（四）

正确使用和佩戴劳动防护用品

防护手套使用注意事项（二）：

（3）绝缘手套应定期检验电绝缘性能，不符合规定的不能使用。

（4）橡胶、塑料等类防护手套用后应冲洗干净、凉干，保存时避免高温，并在制品上撒上滑石粉以防粘连。

（5）操作旋转机床时禁止戴手套作业。

图 12－5　现场警示牌（五）

正确使用和佩戴劳动防护用品

绝缘鞋（靴）的使用及注意事项（一）：

（1）应根据作业场所电压高低正确选用绝缘鞋，低压绝缘鞋禁止在高压电气设备上作为安全辅助用具使用，高压绝缘鞋（靴）可以作为高压和低压电气设备上辅助安全用具使用。但不论是穿低压或高压绝缘鞋（靴），均不得直接用手接触电气设备。

（2）布面绝缘鞋在干燥环境使用，避免布面潮湿。

图 12－6　现场警示牌（六）

正确使用和佩戴劳动防护用品

绝缘鞋（靴）的使用及注意事项（二）：

（3）穿用绝缘靴时，应将裤管套入靴筒内。穿用绝缘鞋时，裤管不宜长及鞋底外沿条高度，更不能长及地面，保持布帮干燥。

（4）非耐酸碱油的橡胶底，不可与酸碱油类物物质接触，并应防止尖锐物刺伤。低压绝缘鞋若底花纹磨光，露出内部颜色时则不能作为绝缘鞋使用。

（5）购买绝缘鞋时，应查验鞋上是否有绝缘永久标记，如红色闪电符号，鞋底有耐电压的数量，等表示；鞋内是否有合格证，安全鉴定证，生产许可证编号等。

图 12－7　现场警示牌（七）

正确使用和佩戴劳动防护用品

安全带使用注意事项：

(1) 在使用安全带时，应检查安全带的部件是否完整，有无损伤，金属配件的各种卡环不得使用焊接件，边缘应光滑，产品上应有“安鉴证”。

(2) 使用围杆安全带时，围杆绳上有保护套，不允许在地面上随意拖着绳走，以免损伤绳套，影响主绳。

(3) 悬挂安全带不得低挂高用，低挂高用在坠落时受到的冲击力大，对人体伤害也大。

安全带的作用：预防作业人员从高处坠落

图 12-8　现场警示牌（八）

安全色、安全线和安全标志

安全色：红、蓝、黄、绿

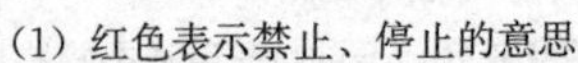

(1) 红色表示禁止、停止的意思。

(2) 黄色表示注意、警告的意思。

(3) 蓝色表示指令、必须遵守的意思。

(4) 绿色表示通行、安全和提供信息的意思。

图 12-9　现场警示牌（九）

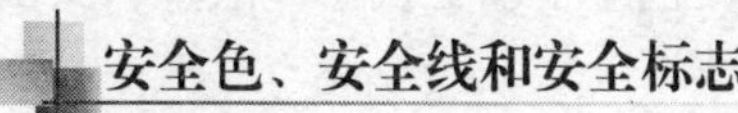

安全标志（一）：

（1）禁止标志的含义是禁止人们不安全行为的图形标志。其基本形式为带斜杠的圆形框。圆环和斜杠为红色，图形符号为黑色，衬底为白色。

禁止鸣喇叭

（2）警告标志的含义是提醒人们对周围环境引起注意，以避免可能发生危险的图形标志。其基本形式是正三角形边框。三角形边框及图形为黑色，衬底为黄色。

图 12－10　现场警示牌（十）

安全色、安全线和安全标志

安全标志（二）：

（3）指令标志的含义是强制人们必须做出某种动作或采用防范措施的图形标志。其基本形式是圆形边框。图形符号为白色，衬底为蓝色。

（4）提示标志的含义是向人们提供某种信息的图形标志。其基本形式是正方形边框。图形符号为白色，衬底为绿色。

图 12－11　现场警示牌（十一）

（1）安全帽使用注意事项：

1）要有下颏带和后帽箍并拴系牢固，以防帽子滑落与碰掉。

2）热塑性安全帽可用清水冲洗，不得用热水浸泡，不能放在暖气片上、火炉上烘烤，以防帽体变形。

3）安全帽使用超过规定年限时，或者受过较严重的冲击后，虽然肉眼看不到裂纹，也应予以更换。一般塑料安全帽使用期限为 3 年。

4）佩戴安全帽前，应检查各配件有无损坏，装配是否牢固，帽衬调节部分是否卡紧，绳带是否系紧等，确信各部件完好后方可使用。

(2) 防护眼镜和面罩使用注意事项：

1）选用的护目镜要选用经产品检验机构检验合格的产品。

2）护目镜的宽窄和大小要适合使用者的脸型。

3）镜片磨损粗糙、镜架损坏，会影响操作人员的视力，应及时调换。

4）护目镜要专人使用，防止传染眼病。

5）焊接护目镜的滤光片和保护片要按规定作业需要选用和更换。

6）防止重摔重压，防止坚硬的物体磨擦镜片和面罩。

(3) 自吸过滤式防尘口罩使用注意事项：

1）选用产品其材质不应对人体有害，不应对皮肤产生刺激和过敏影响。

2）佩戴方便，与脸部要吻合。

(4) 防护手套使用注意事项：

1）防护手套的品种很多，根据防护功能来选用。首先应明确防护对象，然后再仔细选用。如耐酸碱手套，有耐强酸（碱）的、有耐低浓度酸（碱），而耐低浓度酸（碱）手套不能用于接触高浓度酸（碱）。切记勿误用，以免发生意外。

2）防水、耐酸碱手套使用前应仔细检查，观察表面是否有破损，采取简易办法是向手套内吹口气，用手捏紧套口，观察是否漏气，漏气则不能使用。

3）绝缘手套应定期检验电绝缘性能，不符合规定的不能使用。

4）橡胶、塑料等类防护手套用后应冲洗干净、晾干，保存时避免高温，并在制品上撒上滑石粉以防粘连。

5）操作旋转机床时禁止戴手套作业。

（5）使用绝缘鞋（靴）的注意事项：

1）应根据作业场所电压的高低正确选用绝缘鞋，低压绝缘鞋禁止在高压电气设备上作为安全辅助用具使用，高压绝缘鞋（靴）可以作为高压和低压电气设备上辅助安全用具使用。但无论是穿低压或高压绝缘鞋（靴），均不得直接用手接触电气设备。

2）布面绝缘鞋只能在干燥环境下使用，避免布面潮湿。

3）穿用绝缘靴时，应将裤管套入靴筒内。穿用绝缘鞋时，裤管不宜长及鞋底外沿条高度，更不能长及地面，保持布帮干燥。

4）非耐酸碱油的橡胶底，不可与酸碱油类物物质接触，并应防止尖锐物刺伤。低压绝缘鞋若底花纹磨光，露出内部颜色时则不能作为绝缘鞋使用。

5）在购买绝缘鞋（靴）时，应查验鞋上是否有绝缘永久标记，如红色闪电符号，鞋底有耐电压多少伏，等表示；鞋内有否合格证，安全鉴定证，生产许可证编号等。

（6）使用安全带的注意事项：

1）在使用安全带时，应检查安全带的部件是否完整，有无损伤，金属配件的各种环不得是焊接件，边缘光滑，产品上应有“安鉴证”。

2）使用围杆安全带时，围杆绳上有保护套，不允许在地面上随意拖着绳走，以免损伤绳套，影响主绳。

3）悬挂安全带不得低挂高用，因为低挂高用在坠落时受到的冲击力大，对人体伤害也大。

（7）安全色：红、蓝、黄、绿：

1）红色表示禁止、停止的意思。

2）黄色表示注意、警告的意思。

3）蓝色表示指令、必须遵守的意思。

4）绿色表示通行、安全和提供信息的意思。

（8）安全标志：

1）禁止标志的含义是禁止人们不安全行为的图形标志。其基本形式为带斜杠的圆形框。圆环和斜杠为红色，图形符号为黑色，衬底为白色。

2）警告标志的含义是提醒人们对周围环境引起注意，以避免可能发生危险的图形标志。其基本型式是正三角形边框。三角形边框及图形为黑色，衬底为黄色。

3）指令标志的含义是强制人们必须做出某种动作或采用防范措施的图形标志。其基本型式是圆形边框。图形符号为白色，衬底为蓝色。

4）提示标志的含义是向人们提供某种信息的图形标志。其基本型式是正方形边框。图形符号为白色，衬底为绿色。

（中国建筑一局（集团）有限公司二公司　王楠）

13. 施工现场架子工安全防护

（基坑、脚手架）

13.1　教育目的

要求建筑工人掌握现场安全防护（基坑、脚手架）基本知识，避免因不按规范搭设防护设施而发生坠落事故。严格遵守安全操作规程，消除施工过程中的不安全行为，确保所有人员的生命安全。

13.2　教育内容

（1）安全防护知识的一般要求；

（2）基槽、坑、沟，大孔径桩、扩底桩及模板工程安全防护；

（3）脚手架基本知识的讲解。

13.3　教育方法

宣讲有关法律、法规、标准和脚手架操作规程，采用投影仪等多媒体方法演示具体实例，让工人从直观上掌握相关内容。

13.4 教育时间

40 分钟。

13.5 依据标准

(1)《北京市建设工程施工现场安全防护标准》京建施 2003 年 1 号。

(2)《工程建设标准强制性条文——房屋建筑部分》(2002 年版),第九篇,施工安全。

(3)《北京市建筑工程施工安全操作规程》(DBJ01-62-2002)。

(4)《建筑施工扣件式钢管脚手架安全技术规范》(JGJ130-2001)。

(5)《建筑施工高处作业安全技术规范》(JGJ80—91)。

(6)《施工现场临时用电安全技术规范》(JGJ46—2005)等规范、标准。

13.6 教育过程

(1) 一般要求

1) 工程安全管理必须坚持"安全第一、预防为主"的方针,建立健全安全生产责任制和群防群治制度。

2) 对施工人员必须进行安全生产教育(管理人员、操作人员和特种作业人员),图 13-1 为安全教育现场。

图 13-1 安全教育现场

3) 进入现场人员必须使用符合国家、行业标准的劳动保护用品(安全帽、安全带等)。

4) 从事电气焊、剔凿、磨削等作业人员应使用面罩、护目镜。要正确使用劳动保护用品，如图 13-2。

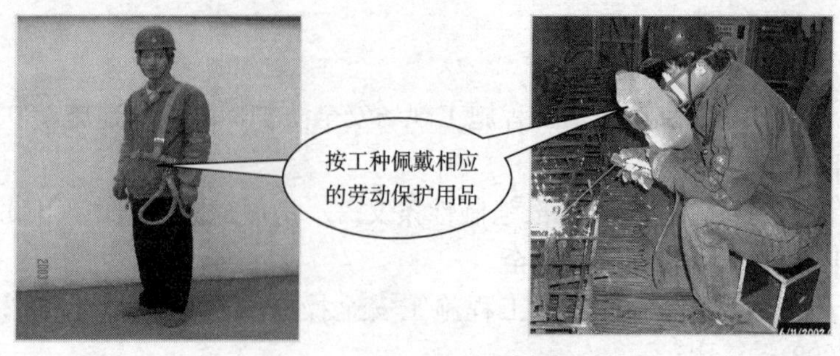

图 13-2　正确使用劳动保护用品

5）特种作业人员必须持证上岗，并配备安全防护用品。

6）建立相应的紧急情况应急预案。

（2）基槽、坑、沟、大孔径桩、扩底桩及模板工程的防护

图 13-3～图 13-9 为安全注意事项。

1）在基础施工前及开挖槽、坑、沟前，建设单位必须以书面形式向施工企业提供详细的与施工现场相关的地下管线资料，施工企业采取措施保护地下各类管线。

2）基础施工前应具备完整的岩土工程勘察报告及设计文件。

3）土方开挖必须制定保证周边建筑物、构筑物安全的措施，并经技术部门审批后方可施工。

4）雨期施工期间基坑周边必须要有良好的排水系统和设施。

5）危险处和通道处及行人过路处开挖的槽、坑、沟，必须采取有效的防护措施，防止人员坠落，夜间应设红色标志灯。

6）开挖槽、坑、沟深度超过 1.5 米，应根据土质和深度情况，按规定放坡或加可靠支撑，并设置人员上下坡道或爬梯，爬梯两侧应用密目网封闭。

7）槽、坑、沟边 1 米以内不得堆土、堆料、停置机具。

防护栏杆应由上、下两道横杆及栏杆柱组成，上杆离地高度为 1.0～1.2 米，下杆离地高度为 0.5～0.6 米。坡度大于1∶2.2

图 13-3 安全注意事项（一）

的屋面，防护栏杆应高 1.5 米，并加挂安全立网。除经设计计算外，横杆长度大于 2 米时，必须加设栏杆柱。

8）大孔径桩及扩底桩施工，必须严格执行《北京地区大直径灌注桩规程》(DBJ01-502-99)。人工挖大孔径桩的施工企业必须具备总承包一级以上资质或地基与基础工程专业承包一级资质。编制人工挖大孔径桩及扩底桩施工方案必须经企业负责人、技术负责人签字批准。

9）挖大孔径桩及扩底桩必须制定防坠人、落物、坍塌、人员窒息等安全措施。

挖大孔径桩必须采用混凝土护壁，其基础护壁应根据土质情况做成沿口护圈，大孔径桩施工的技术负责人，项目负责人或工长应负责孔壁稳定性和混凝土强度的鉴定工作，混凝土强度达到

图 13-4　安全注意事项（二）

规定的强度和养护时间后，方可通知班组进行拆模施工和下层土方开挖。

挖扩孔桩施工所有使用的电气设备应装设漏电保护装置。

下孔作业前应打开孔口盖板，排除孔内有害气体，并向孔内输送新鲜空气和氧气。

图 13-5　安全注意事项（三）

图 13-6　安全注意事项（四）

孔下作业人员连续作业不得超过 2 小时，并设专人监护。施工作业时，保证作业区域通风良好。

挖扩孔桩施工必须建立专业队伍，登记注册，经技术与安全知识培训后，方可上岗作业。

10）基础施工时的降排水（井点）工程的井口，必须设牢固防护盖板或围栏和警示标志。完工后，必须将井回填实。

图 13-7　安全注意事项（五）

图 13-8　安全注意事项（六）

11）深井或地下管道施工及防水作业区，应采取有效的通风措施，并进行有毒、有害气体检测。特殊情况必须采取特殊防护措施，防止发生中毒事故。

所需使用的安全防护器材（灭火及照明器材、急救用品、专用爬梯、安全绳、安全帽、安全带、提土工具、孔口盖板等）必须在施工前准备就绪。

进场施工前，应由施工管理、生产技术、安全、电气等负责人成立领导小组，组成人员不得少于3人，检查现场是否达到“七通一平”，发现涉及施工作业安全问题时，应及时与建设单位协商解决，不具备施工条件时，不得进场施工。

图13-9 安全注意事项（七）

降排水（井点）工程的井口必须设牢固定型的金属围栏和警示标志。

深井或地下管道施工及防水作业区，应采取有效的通风等防范措施。

12）模板工程施工前应编制施工方案（包括模板及支撑的设计、制作、安装和拆除的施工工序以及运输、存放的要求），经技术部门负责人审批后方可实施。

模板及其支撑系统在安装拆卸过程中，必须有临时固定措施，严防倾覆。大模板施工中操作平台、上下梯道、防护栏杆、支撑等作业系统必须齐全有效。模板拆除应按区域逐块进行，并设警戒区，严禁非操作人员进入作业区。模板上物料及设备应分散合理设置，不得造成荷载集中。

模板停放场地应平整坚实，各种模板应分门别类，存（堆）放整齐，并有可靠的防倾倒措施。大模板应存放在专门设计的插放架内。

13）悬空作业处，应有可靠的作业面，搭拆3米以上高度模板时，应搭设脚手架工作台；高度不足3米的，可采用移动式高凳等措施，不准站在拉杆、支撑杆等物件和在梁底模上行走操作。高处、复杂的结构模板拆除，应有专人指挥和切实可行的安全措施。严禁非操作人员进入作业区。

14）已拆除的模板、拉杆、支撑等物应及时运走或妥善堆放，避免操作人员因疏忽扶空、踏空而发生坠落事故。

混凝土墙体，平面上有预留洞时，应在模板拆除后，随时做孔洞防护。

拆模作业间隙，应将已活动的模板、拉杆、支撑等固定牢固，严防掉落、倒塌伤人。

（3）脚手架基本知识

1）脚手架的作用

脚手架是建筑施工中不可缺少的空中作业工具，无论结构施工还是室外装修施工，设备安装都需要根据操作要求搭设脚手架，脚手架搭设的方式见图 13－10～图 13－18。

脚手架的主要作用：

a. 可以使施工作业人员在不同部位进行操作；

b. 能堆放及运输一定数量的建筑材料；

c. 保证施工作业人员在高空操作时的安全。

2）建筑脚手架的分类

a. 按用途分类

操作脚手架：为施工操作提供高处作业条件的脚手架，包括“结构脚手架”、“装修脚手架”。

图 13－10　脚手架搭设（一）

图 13－11　脚手架搭设（二）

图 13－12　脚手架搭设（三）

防护用脚手架：只用作安全防护的脚手架，包括各种护拦架和棚架。

承重、支撑用脚手架：用于材料的运转、存放、支撑以及其他承载用途的脚手架，如受料平台、模板支撑架和安装支撑架等。

图 13－13　脚手架搭设（四）

图 13－14　脚手架搭设（五）

b. 按设置形式分

单排脚手架：只有一排立杆的脚手架，其横向水平杆的另一端搁置在墙体结构上。

双排脚手架：具有两排立杆的脚手架。

多排脚手架：具有 3 排以上立杆的脚手架。

满堂脚手架：按施工作业范围满设的、两个方向各有 3 排以上立杆的脚手架。

c. 按搭设位置分类

封圈型外脚手架：沿建筑物周边交圈设置的脚手架。

开口型脚手架：沿建筑物周边非交圈设置的脚手架。

图 13-15　脚手架搭设（六）

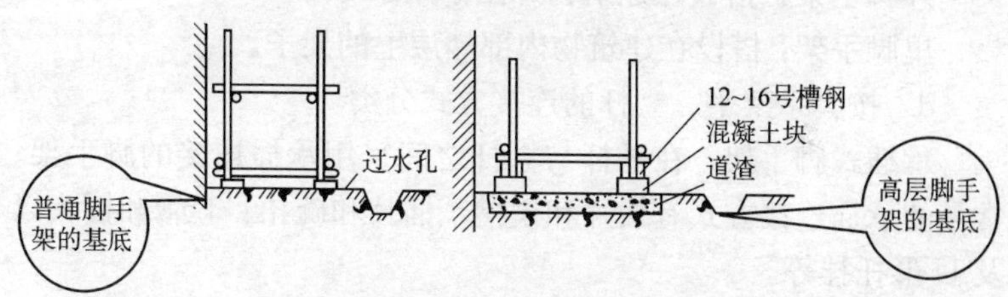

图 13-16　脚手架搭设（七）

图 13-17　脚手架搭设（八）

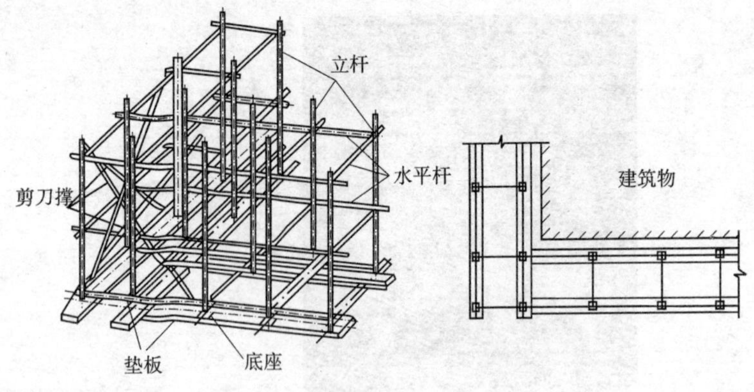

图 13-18 脚手架搭设（九）

外脚手架：搭设在建筑物外围的架子。

里脚手架：搭设在建筑物内部楼层上的架子。

d. 按脚手架平、立杆的连接方式分类

承插式脚手架：在平杆与立杆之间采用承插连接的脚手架。常见的承插连接方式有插片和楔槽、插片和碗扣、套管和插头以及 U 形托挂等。

扣件式脚手架：使用扣件箍紧连接的脚手架，即靠拧紧扣件螺栓所产生的摩擦力承担连接作用的脚手架。

e. 按脚手架的材料分类

竹脚手板：使用竹竿搭设的脚手架。

木脚手架：使用木杆搭设的脚手架。

钢管脚手架：使用钢管搭设的脚手架。

3）搭设建筑脚手架的基本要求

搭设建筑脚手架必须满足以下基本要求：

a. 坚固而确保安全

脚手架要有足够的强度、刚度和稳定性，施工期间在规定的天气条件和允许荷载的作用下，脚手架应稳定不倾斜，不摇晃、不倒塌，确保安全。

b. 满足使用要求

脚手架要有足够的作业面时（如适当的宽度、步架高度、离墙距离等），以保证施工人员操作、材料堆放和运输的需要。

c. 易搭设

脚手架的构造要简单，便于搭设和拆除，脚手架材料能多次周转使用。

4）建筑脚手架的使用现状和发展趋势

a. 脚手架使用现状

我国幅员辽阔，各地建筑业的发展存在差异，脚手架的发展也不平衡。目前脚手架使用的现状是：

（a）扣件式钢管脚手架，自 20 世纪 60 年代在我国推广使用以来，普及迅速，是目前大、中城市中使用的主要脚手架。

（b）传统的竹、木脚手架，随着钢脚手架的推广应用，在一些大中城市已经较少使用，但在一些建筑发展较慢的中小城市和村镇仍在继续大量使用。

（c）自 20 世纪 80 年代以来，高层建筑和超高层建筑有了较大发展，为了满足这类施工的需要，多功能脚手架，如门式钢管脚手架。碗扣式钢管脚手架、悬挑式脚手架、导轨式爬架等相继在工程中应用，深受施工企业的欢迎。此外，为适应施工的需要，一些建筑施工企业也从国外引进或自行研制了一些通用定型的脚手架，如吊篮、挂脚手架、桥式脚手架、挑架等。

b. 脚手架的发展趋势

脚手架的发展趋势如下：

（a）金属脚手架必将取代竹、木脚手架。传统的竹、木脚手架，其材料质量不易控制，搭设要求难以严格掌握，技术落后，材料损耗量大，并且使用和管理上都不便，最终将被金属脚手架所取代。

（b）为适应现代建筑施工，减轻劳动强度，节约材料，提高经济效益，适用性强的多功能脚手架将取代传统型的脚手架，多功能脚手架将定型系列化。

（c）高层和超高层建筑施工中脚手架的使用量很大，技术要求复杂，脚手架的设计、搭设、安装等都必须规范化，脚手架的杆（构）配件应由专业工厂生产，并保证质量。

5）脚手架施工的基本要求

脚手架的搭设和使用，必须严格执行有关安全技术规范。

a. 搭、拆脚手架必须由专业架子工担任，并应按现行国家标准考核合格，持证上岗。上岗人员应定期进行体检，凡不适合高处作业者不得上脚手架操作。

b. 搭拆脚手架时，操作人员必须戴好安全帽、系好安全带，穿防滑鞋。

c. 脚手架在搭设前，必须制定施工方案和进行安全技术交底。对于高大异形的脚手架，应报上级审批后才能搭设。

d. 未搭设完的脚手架，非架子工一律不准上架。脚手架搭设完后，由施工负责人及技术、安全等有关人员共同验收合格后方可使用。

e. 作业层上的施工荷载应符合设计要求，不得超载。不得在脚手架上集中堆放模板、钢筋等物件，严禁在脚手架上拉缆风绳和固定、架设模板支架及混凝土泵送管等，严禁悬挂起重设备。

f. 不得在脚手架基础及邻近处进行挖掘作业。

g. 临街搭设的脚手架外侧应有防护措施，以防坠物伤人。

h. 搭拆脚手架时，地面应设围栏和警戒标志，并派专人看守，严禁非操作人员入内。

i. 六级及六级以上大风和雨、雪、雾天气不得进行脚手架搭拆作业。

j. 在脚手架使用过程中，应定期对脚手架及其地基基础进行检查和维护，特别是下列情况下，必须进行检查：

（a）作业层增加荷载前；

（b）遇大雨和六级以上大风后；

（c）寒冷地区开冻后；

（d）停用时间超过一个月。

如发现倾斜、下沉、松扣、崩扣等现象要及时修理。

k. 工地临时用电线路架设及脚手架的接地、避雷措施、脚手架与架空输电线路的安全距离等应按现行行业标准《施工现场临时用电安全技术规范》（JGJ46-2005）的有关规定执行。钢管脚手架上安装照明灯时，电线不得接触脚手架，并要做绝缘处理。

6）落地式脚手架施工技术基本要求

a. 脚手架支搭及所用构件必须符合国家规范。符合 J84-2001 规范及《施工工程安全技术标准》要求，确保架体实用、稳固、美观。

b. 脚手架的地基处理

落地脚手架须有稳定的基础支承，以免发生过量沉降，特别是不均匀的沉降，引起脚手架倒塌。对脚手架的地基要求：

（a）地基应平整夯实；

（b）有可靠的排水措施，防止积水浸泡地基。

c. 脚手架的放线定位、垫块的放置

根据脚手架立柱的位置，进行放线。脚手架的立柱不能直接立在地面上，立柱下应加设底座或垫块，具体作法如下：

（a）普通脚手架：垫块宜采用长度 2.0～2.5m，宽度不小于 200mm，厚度 50～60mm 的木板，垂直或平行于墙面放置，在外侧挖一浅排水沟。

（b）高层建筑脚手架：在夯实的地基上加铺混凝土层，其上沿纵向铺放槽钢，将脚手架立杆底座置于槽钢上。

d. 钢管脚手架应采用外径 48～51 毫米、壁厚 3～3.5 毫米的钢管，严重锈蚀、弯曲、压扁或裂纹的钢管禁止使用。木脚手架应采用小头有效直径不小于 8 厘米，无腐朽、折裂、枯节的杉篙，脚手杆件不得钢木混搭。严禁将外径为 48 毫米与 51 毫米的钢管混合使用。

扣件式钢管脚手架中立柱，除顶层顶步可采用搭接接头外，其他各层各步必须采用对接扣件连接（对接的承载能力比搭接大

2.14倍）。

e. 结构脚手架立杆间距不得大于1.5米，纵向水平杆（大横杆）间距不得大于1.2米，横向水平杆（小横杆）间距不得大于1米。

装修脚手架立杆间距不得大于1.5米。纵向水平杆（大横杆）间距不得大于1.8米，横向水平杆（小横杆）间距不得大于1.5米。

施工现场严禁使用杉篱支搭承重脚手架。

f. 脚手架必须设置纵、横向扫地杆。

纵向扫地杆应采用直角扣件固定在距底座上皮不大于200mm处的立杆上。

横向扫地杆亦应采用直角扣件固定在紧靠纵向扫地杆下方的立杆上。

当立杆基础不在同一高度上时，必须将高处的纵向扫地杆向低处延长两跨与立杆固定，高低差不应大于1m。靠边坡上方的立杆轴线到边坡的距离不应小于500mm。

g. 在搭施脚手架时，各杆的搭设顺序为：

摆放纵向扫地杆→逐根树立杆（随即与纵向扫地杆扣紧）→安放横向扫地秆（与立杆或纵向扫地杆扣紧）→安装第一步纵向水平杆和横向水平杆→安装第二步纵向水平杆和横向水平杆→加设临时抛撑（上端与第二步纵向水平杆扣紧，在设置两道连墙杆后可拆除）→安装第三、四步纵向和横向水平杆；设置连墙杆→安装横向斜撑→接立杆→加设剪刀撑；铺脚手板→安装护身栏杆和扫脚板→立挂安全网。

h. 落地式脚手架各种杆件搭设的具体要求

(a) 立杆的对接接头应交错布置，如图13－19，具体要求为：

a）两根相邻立杆的接头不得设置在同步内，且接头的高差不小于500毫米。

b）各接头中心至主节点的距离不宜大于步距的1/3。

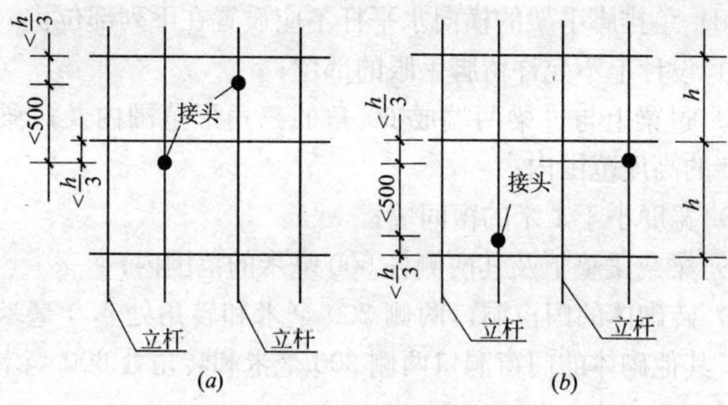

图 13-19　立杆的对接

c）同步内隔一根立杆两相隔接头在高度方向上错开的距离（高差）不得小于 500 毫米。

d）立杆搭接时搭接长度不应小于 1 米，至少用 2 个旋转扣件固定，端部扣件盖板边缘至杆端的距离不小于 100 毫米。

e）在搭设脚手架立杆时，为控制立杆的偏斜，对立杆的垂直度应进行检测（用经纬仪或吊线和卷尺）。而立杆的垂直度用控制水平偏差来保证。

f）开始搭设立杆时，应每隔 6 跨设置一根抛撑，直至连墙件安装稳定后，方可根据情况拆除；当搭至有连墙件的构造点时，在搭设完该处的立杆、纵向水平杆、横向水平杆后，应立即设置连墙件；立杆顶端宜高出女儿墙上皮 1 米，高出檐口上皮 1.5 米。

（b）纵向水平杆搭设应符合下列规定：

a）纵向水平杆的搭设应符合前述构造规定；

b）在封闭型脚手架的同一步中，纵向水平杆应四周交圈，用直角扣件与内外角立杆固定。

（c）横向水平杆搭设应符合下列规定：

a）搭设横向水平杆应符合前述构造规定；

b）双排脚手架横向水平杆的靠墙一端至墙装饰面的距离不宜大于 100 毫米。

(d) 单排脚手架的横向水平杆不应设置在下列部位：

a) 设计上不允许留脚手眼的部位；

b) 过梁上与过梁两端成 60°角的三角形范围内及过梁净跨度 1/2 的高度范围内；

c) 宽度小于 1 米的窗间墙；

d) 梁或梁垫下及其两侧各 500 毫米的范围内；

e) 砖砌体的门窗洞口两侧 200 毫米和转角处 450 毫米的范围内；其他砌体的门窗洞口两侧 300 毫米和转角处 600 毫米的范围内；

f) 独立或附墙砖柱。

(e) 连墙件、剪刀撑、横向斜撑等的搭设应符合下列规定：

连墙件搭设应符合前述构造规定。当脚手架施工操作层高出连墙件两步时，应采取临时稳定措施，直到上一层连墙件搭设完后方可根据情况拆除。

(f) 刚性连墙件

刚性连墙件（杆）一般有 3 种做法：

a) 连墙杆与预埋件焊接而成。

在现浇混凝土的框架梁、柱上留预埋件，然后用钢管或角钢的一端与预埋件焊接，另一端与连接短钢管用螺栓连接。

b) 用短钢管、扣件与钢筋混凝土柱连接，如图 13-20。

c) 用短钢管、扣件与墙体连接，如图 13-21。

(g) 柔性连墙件

单排脚手架的柔性连墙件做法如图 13-22 (*a*) 所示，双排脚手架的柔性连墙件做法如图 13-22 (*b*) 所示。拉接和顶撑必须配合使用。其中拉筋用户 $\phi6$ 钢筋或 $\phi4$ 的铅丝，用来承受拉力；顶撑用钢管和木楔，用以承受压力。

(h) 连墙件的设置要求

a) $H<24$ 米的脚手架宜用刚性连墙件，亦可用拉筋加顶撑，严禁使用仅有拉筋的柔性连墙件。

b) $H\geqslant24$ 米的脚手架必须用刚性连墙件，严禁使用柔性连

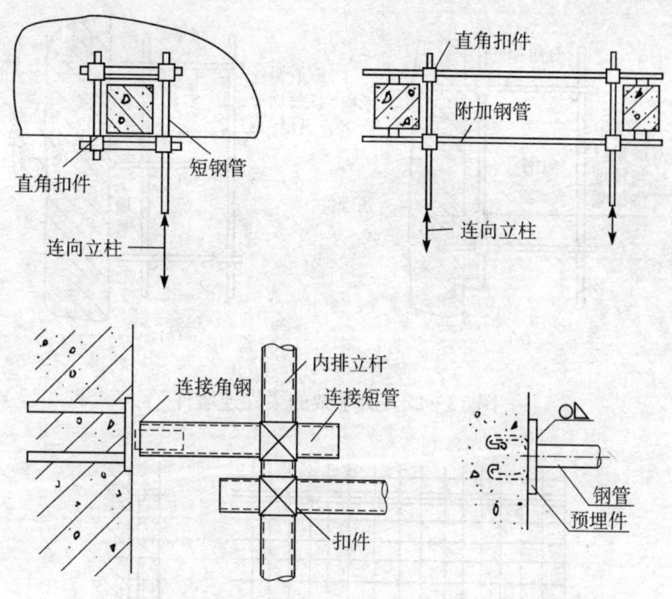

图 13-20　用短钢管、扣件与钢筋混凝土柱连接

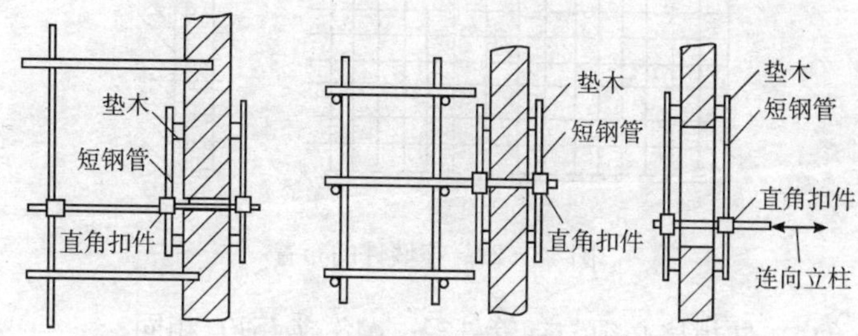

图 13-21　用短钢管、扣件与墙体连接

墙件。

c）连墙件宜优先选用菱形布置（图 13-23）、矩形布置。

（i）剪刀撑、横向斜撑搭设应与立杆、纵向和横向水平杆等同步搭设。

扣件安装应符合下列规定：

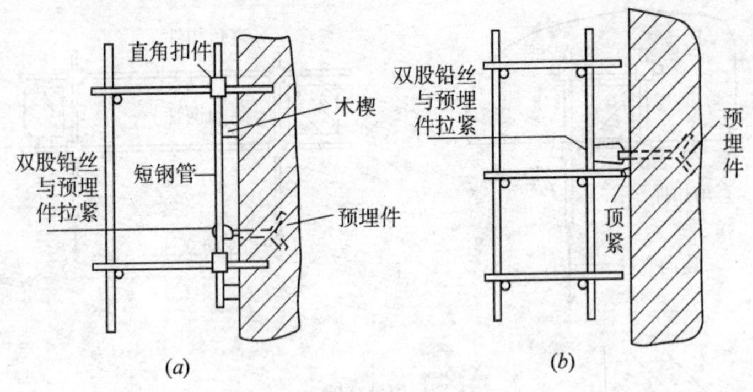

图 13-22　脚手架的柔性连墙件

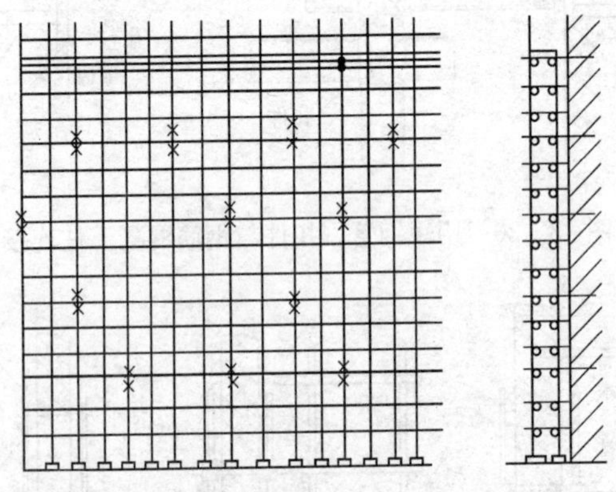

图 13-23　连墙件的布置

a）扣件规格必须与钢管外径（ϕ48 或 ϕ51）相同；

b）螺栓拧紧扭力矩不应小于 40 牛·米，且不应大于 65 牛·米；

c）在主节点处固定横向水平杆、纵向水平杆、剪刀撑、横向斜撑等用的直角扣件、旋转扣件的中心点的相互距离不应大于 150 毫米；

d）对接扣件开口应朝上或朝内；

e）各杆件端头伸出扣件盖板边缘的长度不应小于 100mm。

(j) 作业层、斜道的栏杆和挡脚板的搭设应符合下列规定（图 13-24）：

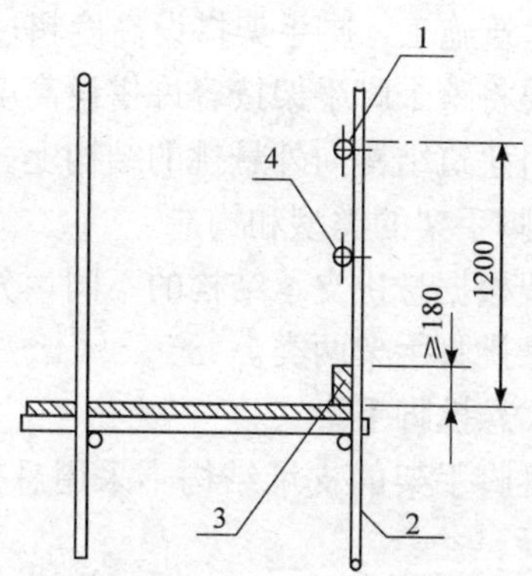

图 13-24　脚手板搭设

1—上栏杆；2—外立杆；3—挡脚板；4—中栏杆

a) 栏杆和挡脚板均应搭设在外立杆的内侧；

b) 上栏杆上皮高度应为 1.2 米；

c) 挡脚板高度不应小于 180 毫米；

d) 中栏杆应居中设置。

(k) 脚手板的铺设应符合下列规定：

a) 脚手板应铺满、铺稳，离开墙面 120～150 毫米；

b) 采用对接或搭接时均应符合规定；脚手板探头应用直径 3.2mm 的镀锌钢丝固定在支承杆件上；

c) 在拐角、斜道平台口处的脚手板，应与横向水平杆可靠连接，防止滑动；

d) 自顶层作业层的脚手板往下计，宜每隔 12 米满铺一层脚手板。

7) 悬挑式外脚手架

a. 悬挑式外脚手架一般应用在建筑施工中以下三种情况：

(a) ±0 米以下结构工程回填土不能及时回填，而主体结构工程必须立即进行，否则将影响工期；

(b) 高层建筑主体结构四周为裙房，脚手架不能直接支承在地面上；

(c) 超高层建筑施工，脚手架搭设高度超过了其容许的搭设高度，因此，需要将整个脚手架按容许搭设高度分成若干段，每段脚手架支撑在由建筑结构向外悬挑的结构上。

b. 悬挑式外脚手架的类型和构造

悬挑式脚手架根据悬挑支承结构的不同，分为支撑杆式悬挑脚手架和挑梁式悬挑脚手架两类。

(a) 支撑杆式悬挑脚手架

支撑杆式悬挑脚手架的支承结构不采用悬挑梁（架），直接用脚手架杆件搭设。

a) 支撑杆式双排悬挑脚手架

如图 13-25 所示，该脚手架，其支承结构为内、外两排立杆上加设斜撑杆，斜撑杆一般采用双钢管，而水平横杆加长后一

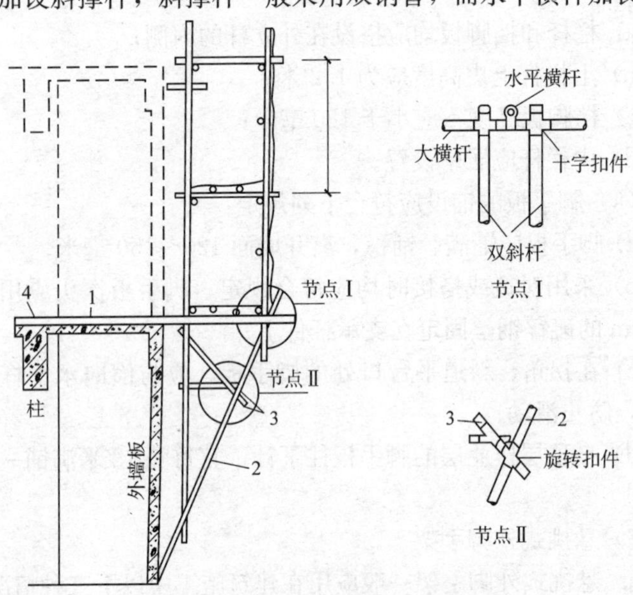

图 13-25　悬挑式脚手架（一）

1—水平横杆；2—双斜撑杆；3—加强短杆；4—预埋铁环

端与预埋在建筑物结构中的铁环焊牢，这样脚手架的荷载通过斜杆和水平横杆传递到建筑物上。

图 13－26　悬挑式脚手架（二）

图 13－27（*a*）所示，悬挑脚手架的支承结构是采用下撑上拉方法，在脚手架的内、外两排立杆上分别加设斜撑杆。斜撑杆的下端支在建筑结构的梁或楼板上，并且内排立杆的斜撑杆的支点比外排立杆斜撑杆的支点高一层楼。斜撑杆上端用双扣件与脚手架的立杆连接。

此外，除了斜撑杆，还设置了吊杆，以增强脚手架的承载能力。

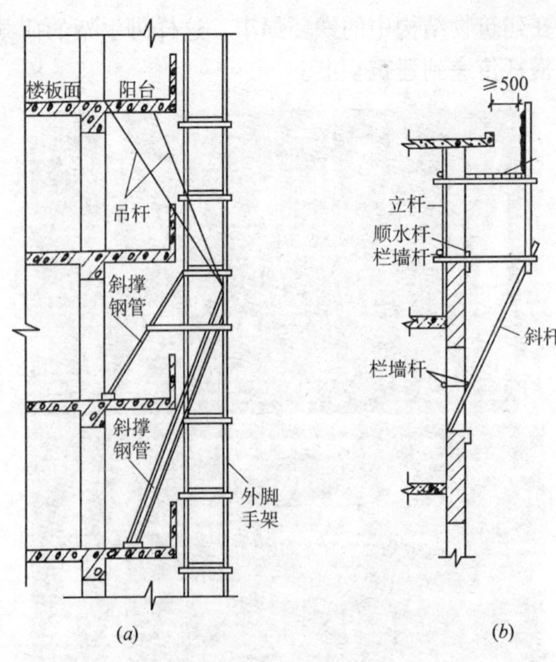

图 13-27　悬挑脚手架

b）支撑杆式单排悬挑脚手架

图 13-27（*b*）所示，支撑杆式单排悬挑脚手架，其支承结构为从窗门挑出横杆，斜撑杆支撑在下一层的窗台上。如无窗台，则可先在墙上留洞或预埋支托铁件，以支承斜撑杆。

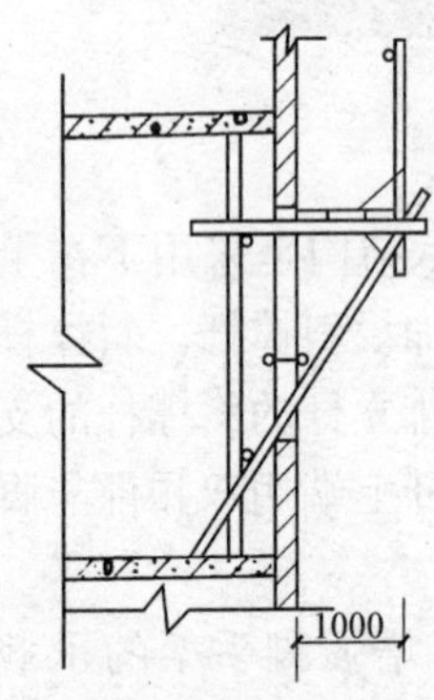

图 13-28　支撑式挑脚手架

图 13-28 所示支撑杆式挑脚手架的支承结构是从同一窗口挑出横杆和伸出斜撑杆，斜撑杆的一端支撑在楼面上。

（b）挑梁式悬挑脚手架

挑梁式悬挑脚手架采用固定在建筑物结构上的悬挑梁（架），并以此为支座搭设脚手架，一般为双排脚手架。此种类型脚手架最多可搭设 20～30 米高，可同时进行

2～3 层作业，是目前较常用的脚手架形式。

a）下撑挑梁式

如图 13－29 所示是下撑挑梁式悬挑脚手架支承结构。

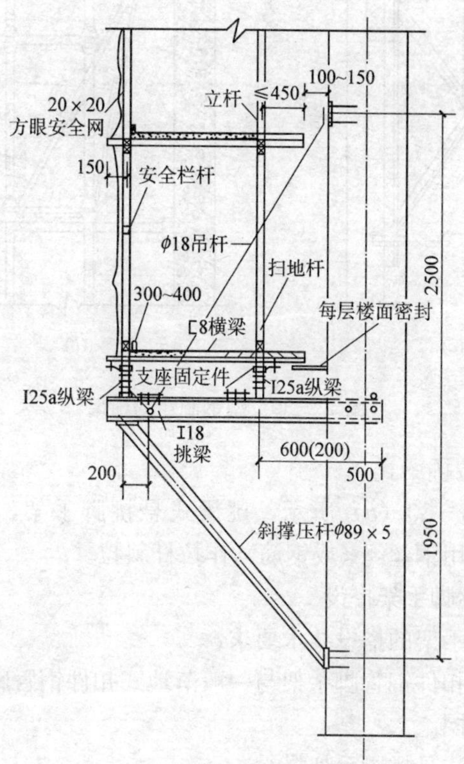

图 13－29　下撑挑梁式悬挑脚手架

在主体结构上预埋型钢挑梁，并在挑梁的外端加焊斜撑压杆组成挑架。各根挑梁之间的间距不大于 6 米，并用两根型钢纵梁相连，然后在纵梁上搭设扣件式钢管脚手架。

当挑梁的间距超过 6 米时，可用型钢制作的桁架［图13－30（*a*）］来代替，图中的挑梁、斜撑压杆组成的挑架，但这种形式下挑梁的间距也不宜大于 9 米。

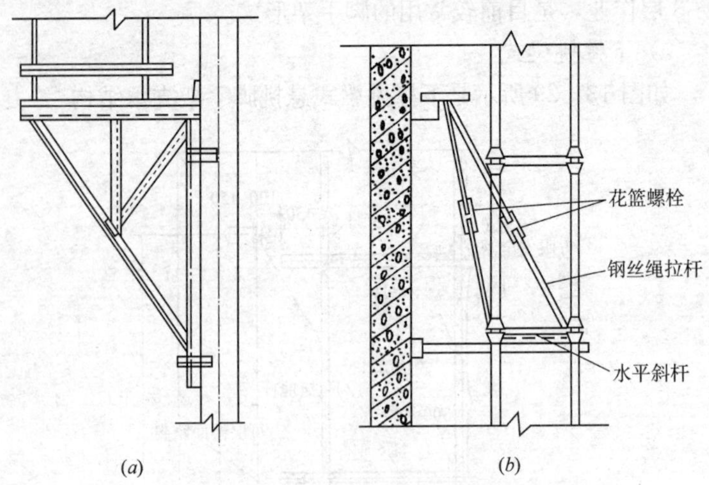

图 13-30　型钢制作的桁架

b）斜拉挑梁式

如图 13-30（*b*）所示，挑梁式悬挑脚手架，以型钢作挑梁，其端头用钢丝绳（或钢筋）作拉杆斜拉。

c）悬挑脚手架搭设

悬挑脚手架的搭设技术要求：

外挑式扣件钢管脚手架与一般落地式扣件钢管脚手架的搭设要求基本相同。

支撑杆式悬挑脚手架搭设

搭设顺序：

水平横杆→纵向水平杆→双斜杆→内立杆→加强短杆→外立杆→脚手板→栏杆→安全网→上一步架的横向水平杆→连墙杆→水平横杆与预埋环焊接。

按上述搭设顺序一层一层搭设，每段搭设高度以 6 步为宜，并在下面支设安全网。

脚手架的搭设方法是预先拼装好一定的高度的双排脚手架，用塔吊吊至使用位置后，用下撑杆和上撑杆将其固定。

挑梁式脚手架搭设

搭设顺序：

安置型钢挑梁（架）→安装斜撑压杆、斜拉吊杆（绳）→安放纵向钢梁→搭设脚手架或安放预先搭好的脚手架。

每段搭设高度以 12 步为宜。

d）挑梁、拉杆与结构的连接参考图 13-31 示。

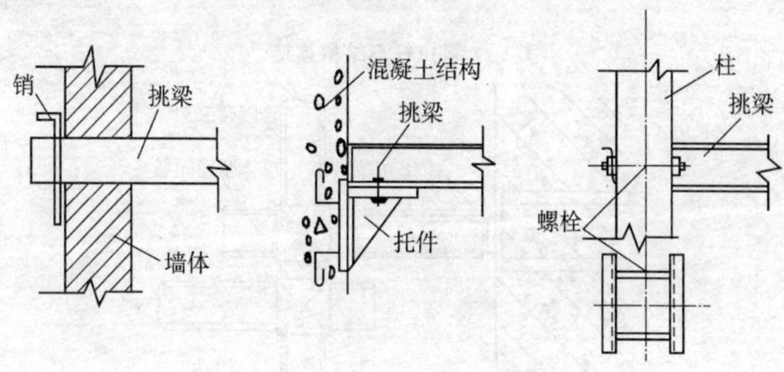

(a) 下撑式挑梁与结构的连接

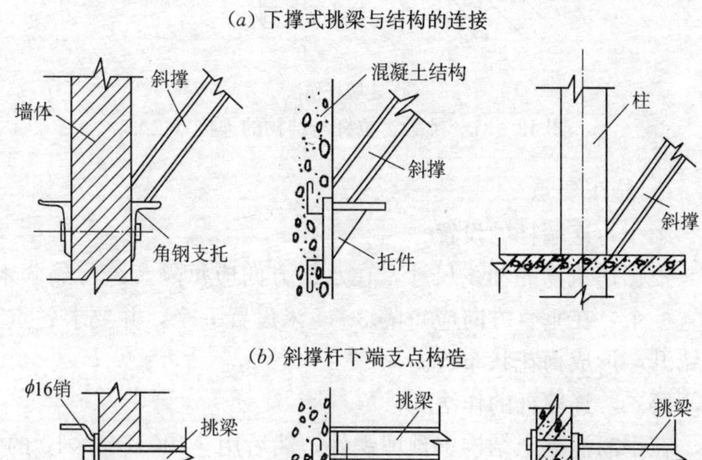

(b) 斜撑杆下端支点构造

(c) 斜拉式挑梁与结构的连接

图 13-31　挑梁、拉杆与结构的连接（一）

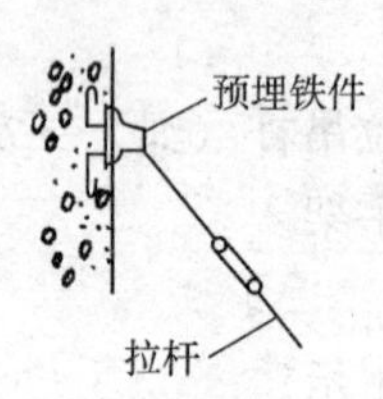

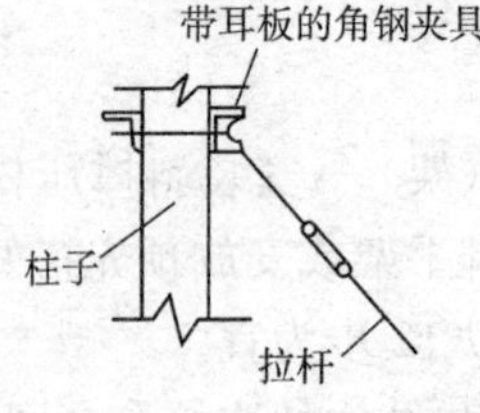

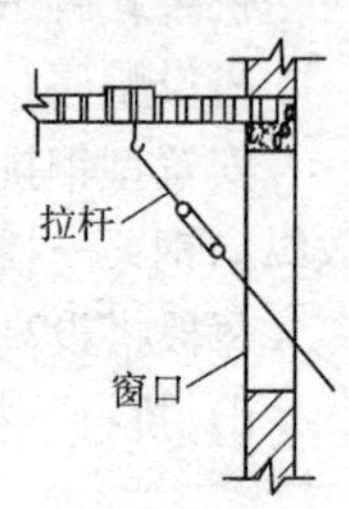

(*d*) 斜拉杆与结构连接

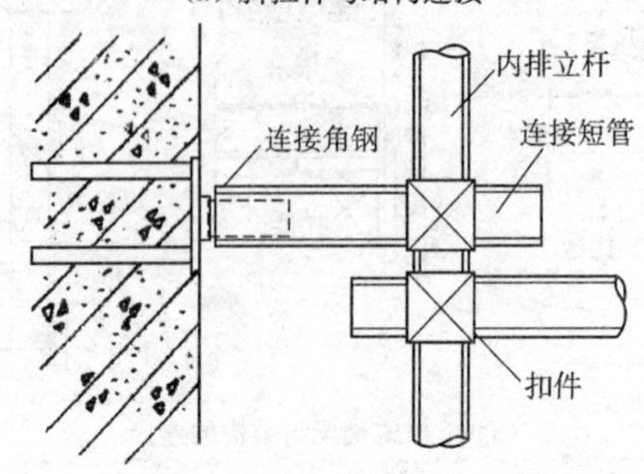

(*e*) 连墙杆作法

图 13-31　挑梁、拉杆与结构的连接（二）

e）施工要点

第一，连墙杆的设置

根据建筑物的轴线尺寸，在水平方向应每隔 3 跨（隔 6 米）设置一个，在垂直方向应每隔 3～4 米设置一个，并要求各点互相错开，形成梅花状布置。

第二，连墙杆的作法

在钢筋混凝土结构中预埋铁件，然后用∠100×63×10 的角钢，一端与预埋件焊接，另一端与连接短管用螺栓连接。

第三，垂直控制

搭设时，要严格控制分段脚手架的垂直度，垂直度偏差：

第一段不得超过 1/400；

第二段、第三段不得超过 1/200。

脚手架的垂直度要随搭随检查，发现超过允许偏差时，应及时纠正。

第四，脚手板铺设

脚手架的底层应满铺厚木脚手板，其上各层可满铺薄钢板冲压成的穿孔轻型脚手板。

第五，安全防护措施

脚手架中各层均应设置护栏、踢脚板和扶梯。

脚手架外侧和单个架子的底面用小眼安全网封闭，架子与建筑物要保持必要的通道。

第六，挑梁式挑脚手架立杆与挑梁（或纵梁）的连接，应在挑梁（或纵梁）上焊 150～200 毫米长钢管，其外径比脚手架立杆内径小 1.0～1.5 毫米，用接长扣件连接，同时在立杆下部设 1～2 道扫地杆，以确保架子的稳定。

第七，悬挑梁与墙体结构的连接，应预先预埋铁件或留好孔洞，保证连接可靠，不得随便打凿孔洞，破坏墙体。

第八，斜拉杆（绳）应装有收紧装置，以使拉杆收紧后能承担荷载。

（中国建筑一局（集团）有限公司三公司　袁渊）

14. 预防高处坠落事故

14.1　教育目的

在建筑施工现场的操作人员在施工过程中，在高处作业中怎样预防高处坠落事故，识别高处作业中的危险区域、危险点，消除和控制作业过程中的不安全行为、预防安全事故，确保操作人员的生命安全，坚持“安全第一、预防为主”的方针，要求从业人员严格遵守各项规章制度。

14.2　教育难点

（1）操作人员对高处作业的危险性认识不足。

（2）提高操作人员对高处作业的危险点、危险区域的认识，提高预防的能力。

(3) 加强操作人员的安全防护标准、操作规程的认识和理解。

通过现场隐患案例分析，进一步提高操作人员安全意识。

14.3　教育方法

利用周一安全教育活动及教育片宣讲有关预防高处坠落的知识。

14.4　教育过程

具体内容如下：

(1) 基本知识：

1) 凡在坠落高度2米以上（含2米）有可能坠落的高处作业，均称高处作业。

2) 高处作业的级别：

高处作业高度在2～5米时，称为一级高处作业；

高处作业高度在5～15米时，称为二级高处作业；

高处作业高度在15～30米时，称为三级高处作业；

高处作业高度在30米以上时称为特级高处作业。

3) 类别

高处作业的种类分为一般高处作业和特殊高处作业两种。

特殊高处作业是。

在阵风风力六级（风速10米/秒、8米/秒）以上的情况下进行的高处作业，称为强风高处作业；

在高温或低温环境下进行的高处作业，称为异温高处作业；

降雪时进行的高处作业，称为雪天高处作业；

降雨时进行的高处作业，称为雨天高处作业；

室外完全采用人工照明进行的高处作业，统称为带电高处作业；

在无立足点或无牢靠立足点的条件下进行的高处作业，统称为悬空高处作业；

对突然发生的各种灾害事故，进行抢救的高处作业，称为抢救高处作业。

一般高处作业系指除特殊高处作业以外的高处作业。

(2) 各区域需要采取的预防措施:

1) 脚手板的铺设

凡脚手板伸出小横杆以外大于20厘米的称为探头板。由于目前铺设脚手板大多不与脚手架绑扎牢固，遇探头板就有可能造成坠落事故，为此必须严禁探头板的出现。当操作层不需沿脚手架长度满铺脚手板时，可在端部采用护栏及立网将作业面限定，把探头板封闭在作业面以外。

2) 安全网的搭设

脚手架的外侧应按规定设置密目安全网，安全网设置在外排立杆的里面。密目网必须用符合要求的系绳将网周边每隔45厘米（每个环扣间隔）系牢在脚手架上。

安全网作防护层必须封挂严密牢靠，密目网用于立网防护，水平防护时必须采用平网，不准用立网代替平网。

凡高度在4米以上的建筑物不使用落地式脚手架的，首层四周必须支设固定3米宽的水平安全网（高层建筑支设6米宽双层网），网底距接触面不得小于3米（高层不得小于5米）。高层建筑每隔四层还应固定一道3米宽的水平安全网，网接口处必须连接严密。支设的水平安全网直至无高处作业时方可拆除，如图14-1为安全网支设实例。

3) 施工操作面的标准

遇作业层时，还要在脚手架外侧大横杆与脚手板之间，按临边防护的要求设置防护拦杆和挡脚板，防止作业人员坠落和脚手板上物料滚落。

脚手架上铺设脚手板一般应至少铺设两层，上层为作业层，下层为防护层，当作业层上的脚手板发生问题时，下层起防护作用。当作业层的脚手板下无防护层时，应尽量靠近作业层处挂一层水平网作防护层，水平网不应离作业层过远，应防止坠落时水平网与作业层之间小横杆的伤害。

图 14-1　安全网的支设实例

脚手架操作面外侧设一道护身栏杆和一道 180 毫米高的挡脚板，双排架里口与结构外墙间水平网无法防护时可铺设脚手板，并与架体固定。

4）洞口临边的防护

1.5 米×1.5 米以下的孔洞，用坚实盖板盖住，有防止挪动、位移的措施。

1.5 米×1.5 米以上的孔洞，四周设两道防护拦杆，中间支设水平安全网。结构施工中伸缩缝和后浇带处应加固定盖板防护。

电梯井口必须设置高度不低于 1.2 米的金属防护门。井内首层和首层以上每隔四层设置一道水平安全网，安全网应封闭严密。

管道井和烟道必须采取有效防护措施，防止人员、物体坠落。墙面等处的竖向洞口必须设置固定式防护门或设置两道防护拦杆。

楼梯踏步及休息平台处，必须设置两道牢固防护拦杆或立挂安全网，回转式楼梯间支设首层水平安全网，每隔四层设一道水平安全网。

阳台栏板应随层安装，不能随层安装的，必须在阳台临边处设两道防护拦杆，用密目网封闭。

建筑物楼层邻边四周，未砌筑、安装维护结构时，必须设两道防护拦杆，立挂安全网。

脚手架必须使用密目安全网沿架体内侧进行封闭，网之间连接牢固并与架体固定，安全网要整洁美观。

(3) 常见的隐患及预防措施。

案例 1：隐　　患：临边、楼梯与平台未搭防护栏杆及挂密目安全网，如图 14-2。

正确做法：临边、楼梯与平台搭设防护栏杆及挂密目安全网。

图 14-2　案例 1

案例 2：隐　　患：1500 毫米×1500 毫米以上洞口中间未挂水平安全网，四周未搭设两道防护拦杆，1500 毫米×1500 毫米以下洞口未采用坚实盖板盖住，未采用任何防护措施。立杆未立在坚实的地方（悬空），未加扫地杆，如图 14－3。

正确做法：1500 毫米×1500 毫米以上洞口中间支挂水平安全网，四周搭设两道防护拦杆，1500 毫米×1500mm 以下洞口采用坚实盖板盖住，要有防止挪动和位移的措施。立杆应立在坚实的地方或加扫地杆。

图 14－3　案例 2

案例 3： 隐　　患：独立脚手架支模无操作面，未铺脚手板，施工人员站在支模及模板上操作，又未系安全带，如图 14－4。

正确做法：独立脚手架应满铺脚手板，两侧用铅丝绑牢，设爬梯立挂安全网或施工人员系挂安全带。

图 14-4　案例 3

案例 4：隐　　　患：首层与地下室、阳台周边未搭设两道防护拦杆及支挂安全网，如图 14-5。

图 14-5　案例 4

正确做法：搭设两道防护拦杆及支挂安全网。

案例 5： 隐　　患：外挂架铺设的脚手板不畅通，而临边防护措施也不到位，如图 14－6。

正确做法：铺设的脚手板要畅通，临边防护搭设两道防护栏杆及支挂安全网。

图 14－6　案例 5

案例 6： 隐　　患：架子工搭设脚手架未系安全带，下方施工人员未进行制止，如图 14－7。

正确做法：高处作业人员必须系挂安全带，下方施工人员要起到监督作用，看到违章人员要进行制止。

案例 7： 隐　　患：在外脚手架上施工操作面未满铺脚手板，而脚手板铺设不畅通，又未搭设两道防护栏杆，设挡脚板、立挂安全网未

图 14-7　案例 6

采取任何防护措施，如图 14-8。

正确做法：脚手架上施工作业必须满铺脚手板，设一道防护栏杆和加挂安全网，离墙面不得大于 200 毫米，不得有空隙和探头板、飞跳板，操作面下方必须设置一道水平安全网。

图 14-8　案例 7

(4) 预防高处坠落事故检查的要点和措施。

1) 预防高处坠落与安全防护在设计专项施工组织方案和措施中是否达到规范标准的要求，在搭设操作过程中是否满足规范标准和达到施工安全的可操作性。

2) 在施工过程中应对安全防护、四口五临边、楼梯和平台、外架搭设和围护设施的高处作业防护进行重点监控和重点检查。防止施工人员作业时由于安全防护、四口五临边、楼梯和平台等缺少固定盖板或支挂水平网和两道防护栏杆及支挂密目安全网，高处作业人员未按规定系挂安全带和戴好安全帽。

3) 对重要劳动保护用品的安全帽必须符合（GB2811—1989）；安全带必须符合（GB6095—1985）；安全网、密目安全网必须符合（GB5725—1997、GBI6909—1997）国家标准。并严格按照定点厂家定点产品进行购置，严格把好验收关。

4) 对安全防护设施的整体防护、四口五临边、楼梯和平台、外架搭设和围护设施等按施工组织专项方案、规范标准进行验收，验收合格的安全防护设施方可进行施工。

5) 经验收合格的安全防护设施，工程施工人员应遵守安全管理规定，遵守安全操作规程，维护好一切安全防护设施，预防高处坠落事故的发生。

6) 认真做好日常安全检查、分部分项安全技术交底、班前安全活动，听从安全监督管理人员的指挥，发现隐患应及时整改，把隐患消除在萌芽状态。

14.5 思考题

(1) 填空题

1) 施工操作面必须满铺________，离墙面不得大于________毫米，不得有________和________，________作面下方必须设置一道________。操作面外侧应设一道________和一道________高的________。

2) 凡在坠落高度基准面________以上（含 2 米）无法采取可靠防护措施的高处作业人员必须正确使用________。

3）1.5 米×1.5 米以下的孔洞，用________盖住，有________、________的措施。1.5 米×1.5 米以上的孔洞，四周设________栏杆，中间支挂________。结构施工中伸缩缝和________处加________防护。

4）电梯井口必须设高度不低于________的金属________，电梯井内首层和首层以上每隔________设一道水平安全网，安全网应________。

5）凡高度在 4 米以上的建筑物不能使用落地式脚手架的，首层________必须支固定________宽的水平安全网（高层建筑支 6 米宽双层网），网底距接触面不得小于________（高层不得小于________）。高层建筑________还应固定一道________宽的水平安全网，网接口处必须________。支搭的水平安全网直至无________时方可拆除。

（2）选择题

1）阳台栏板应（　　）安装，不能随层安装的，必须在阳台临边处设两道防护栏杆用密目网封闭。

A. 随层　　　　B. 隔层　　　　C. 随便

2）高处作业施工要遵守《建筑施工高处作业安全技术规程》（　　）

A. JGJ59—99　　　　B. JGJ80—91　　　　C. JGJ88—99

3）凡高度在 4 米以上的建筑物不能使用落地式脚手架的，首层四周必须支设固定（　　）米宽的水平网，网底距接触面不小于（　　）。

A. 2.5　　　　B. 3　　　　C. 3.5

4）高层建筑支固定（　　）米宽的双层水平网，网底距接触面不小于（　　）米。

A. 5.6　　　　B. 6.3　　　　C. 6.5

（3）简答题（每题 10 分、共 40 分）

1）凡高度 4 米以上的建筑物安全网搭设的方法？

2）脚手架施工操作面和下方的防护要求有哪些？

3）按规定对吊篮架的安全防护有哪些要求？

4）什么叫高处作业怎样分级？

思考题答案

（1）填空题

1）施工操作面必须满铺__脚手板__，离墙面不得大于__200__毫米，不得有__空隙__和__探头板，飞跳板操__作面下方必须设置一道__水平安全网__。操作面外侧应设一道__护身栏杆__和一道__180 毫米__高的__挡脚板__。

2）凡在坠落高度基准面__2 米__以上（含 2 米）无法采取可靠防护措施的高处作业人员必须正确使用__安全带__。

3）1.5 米×1.5 米以下的孔洞，用__坚实盖板__盖住，有__防止挪动__、__位移__的措施。1.5 米×1.5 米以上的孔洞，四周设__两道防护__栏杆，中间支挂__水平安全网__。结构施工中伸缩缝和__后浇带__处加__固定盖板__防护。

4）电梯井口必须设高度不低于__1.2 米__的金属__防护门__，电梯井内首层和首层以上每隔__四层__设一道水平安全网，安全网应__封闭严密__。

5）凡高度在 4 米以上的建筑物不能使用落地式脚手架的，首层__四周__必须支固定__3 米__宽的水平安全网（高层建筑支 6 米宽双层网），网底距接触面不得小于__3 米__（高层不得小于__5 米__）。高层建筑__每隔四层__还应固定一道__3 米__宽的水平安全网，网接口处必须__连接严密__。支搭的水平安全网直至无__高处作业__时方可拆除。

（2）选择题

1）阳台栏板应（A）安装，不能随层安装的，必须在阳台临边处设两道防护栏杆用密目网封闭。

A. 随层　　B. 隔层　　C. 随便

2）高处作业施工要遵守《建筑施工高处作业安全技术规程》

(B)

A. JGJ59—99　　　　　B. JGJ80—91　　　　　C. JGJ88—99

3）凡高度在 4 米以上的建筑物不能使用落地式脚手架的，首层四周必须支设固定（B）米宽的水平网，网底距接触面不小于（B）米。

A. 2.5　　　　　B. 3　　　　　C. 3.5

4）高层建筑支固定（C）米宽的双层水平网，网底距接触面不小于（C）米。

A. 5.6　　　　　B. 6.3　　　　　C. 6.5

（3）简答题

1）凡高度 4 米以上的建筑物安全网搭设的方法?

答：凡高度在 4 米以上的建筑物不使用落地式脚手架的，首层四周必须支设固定 3 米宽的水平安全网（高层建筑支 6 米宽双层网），网底距接触面不得小于 3 米（高层不得小于 5 米）。高层建筑每隔四层还应固定一道 3 米宽的水平安全网，网接口处必须连接严密。支搭的水平安全网直至无高处作业时方可拆除。

2）脚手架施工操作面和下方的防护要求有哪些?

答：脚手架施工层操作面下方净空距离超过 3 米时，必须设置一道水平安全网，双排架里口与结构外墙间水平网无法防护时可铺设脚手板。

3）按规定对吊篮架的安全防护有哪些要求?

答：吊篮外侧及两侧面应用密目安全网封挡严密。附着升降脚手架、挂架、吊篮架等在使用过程中，其下方必须按高处作业标准设置首层水平安全网，吊篮应与建筑物拉牢。

4）什么叫高处作业怎样分级?

答：第一，凡在坠落高度基准面 2 米以上（含 2 米）有可能坠落高处进行的作业，均称高处作业。

第二，高处作业高度在 2～5 米时，称为一级高处作业。高处作业高度在 5～15 米时，称为二级高处作业。高处作业在15～

30 米时，称为三级高处作业。高处作业高度在 30 米以上时称为特级高处作业。

（中国建筑一局（集团）有限公司建设发展公司　徐丰江）

15. 施工现场工人入场安全教育

（安全防护）

15.1　教育目的

（1）告知作业人员施工现场主要的安全防护设施；

（2）告知作业人员由于安全防护不到位而可能产生的危害和防范措施；

（3）通过事故案例，使作业人员正确理解安全防护的重要性，克服侥幸心理，从而提高全员安全生产意识。

15.2　教育重点

施工现场的脚手架、临边、洞口安全防护措施，作业人员在施工过程中的注意事项。

15.3　教育方法

现场讲解和播放幻灯片相结合。

15.4　教育时间

40～50 分钟。

15.5　预期效果

（1）通过教育使作业人员从思想上认识到安全防护的重要性。

（2）使每个作业人员树立自我防范意识。

15.6　教育过程：

图 15-1 为某施工现场因大模板支模时发生倾覆，导致三名工人高处坠落，造成重伤。

北京市每年发生的建筑安全事故达百起，其中因安全防护导致的事故占数十起。

想要减少安全事故的发生，保护自己不受到施工现场各种危

图 15-1　现场案例

险因素的伤害，就要从提高工人的安全意识及安全知识做起，只有保持高度的安全危险意识，掌握了正确的安全保护方法，才能在施工生产活动中最大程度减少事故的发生。

(1) 基本知识

讲述施工现场安全防护不当而发生的安全事故。

施工现场由于安全防护不到位而引起的事故主要有以下几种：

1) 高处坠落

高处坠落，顾名思义，是指作业人员在比较高的（通常是指2米以上）施工区域作业时，由于防护不当，或者自己不小心从高处掉落而引发的事故。

2) 物体打击

特体打击是指从高处掉落下来的重物（比如从楼层掉落的水泥块、从塔吊吊篮里掉下的扣件等）砸到现场作业人员而引起的事故。

3) 坍塌事故

通常发生在土方施工时，由于边坡防护不符标准而发生倒塌，将人员埋没，导致事故发生。

4）触电和机械伤害事故

作业人员在非安全状态下进行电工操作，或不按规范操作机械而引发的事故。

下面，我们通过对几个案例进行分析，来分别了解这几种事故的形成原因及应采取的安全防护措施。

（2）案例分析

通过对各种不同类型事故的讲解与分析，引发工人对事故发生的原因及如何避免事故的思考，最后讲解现场危险源及防护方法。

案例 1：

某高层住宅建筑工地正在进行脚手架搭设，架子工徐某在 9 米高空作业时，不小心失足落下，幸好被首层的安全网接住，虚惊一场，没有造成人员伤亡。

请工人师傅们分析一下，这属于什么类型的事故？哪些地方不符合安全要求？应该采取什么样的措施来防范？

首先，这是一起高处坠落事故。

架子工徐某在脚手架高处作业时未系安全带，违反了操作规程。在施工过程中，正确佩戴安全防护用品是非常重要的，它就像战场上士兵的铠甲，可以保护工人师傅的安全。

下面让我们来认识一下安全防护用品。

个人防护用品“三宝”：安全帽、安全带、安全网，见图15-2。

安全帽、安全带、安全网是工人师傅的三件宝，只有正确佩戴和使用，才可以保证个人安全。徐某因为不正确使用安全带，险些丢掉性命。

安全帽的戴法见图 15-3。

安全带：凡在坠落高度基准面 2 米以上（含 2 米），无法采取可靠防护措施的高处作业人员必须正确使用安全带，见图15-4。

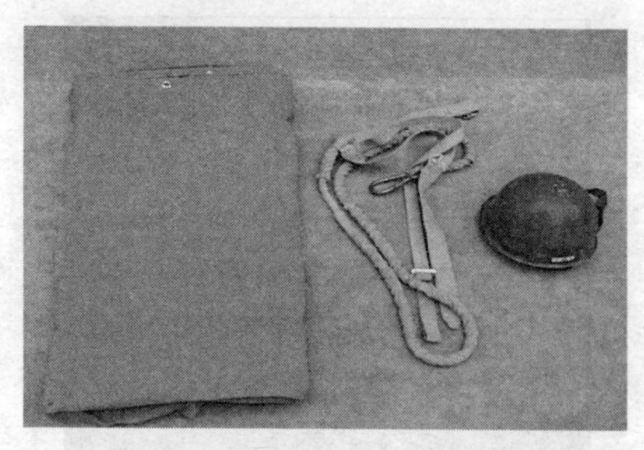

安全帽　很重要
现场纪律是首条
无论职务有多高
必须戴好不动摇

图 15-2　施工现场"三宝"

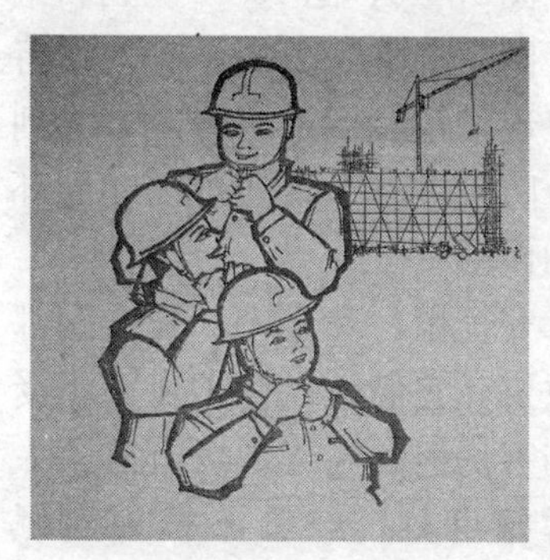

图 15-3　安全帽

图 15-4　安全带的系法

安全网　规定挂
高处有它才不怕
及时清除网中物
落物坠人可保驾

图 15-5　安全网

图 15-6　安全网使用

图 15-5、图 15-6 为密目式安全网，它整齐美观，有效的将施工现场危险源进行分隔，起到安全防护的作用，还可以起到环保的作用。

安全帽、安全带、安全网都很重要，它们可以保护自己不受到伤害。但是施工现场有些工人师傅嫌麻烦，经常不按规定佩戴，这是不对的。

现场“四口、五临边的防护”

“四口”是指：通道口、楼梯口、电梯井口、预留洞口。

图 15－7，是“四口”及“五临边”的防护图。

图 15－7　“四口”及“五临边”防护图

对施工现场重要危险部位进行正确的防护，可以有效的减少事故发生，为工人师傅们的作业提供一个安全的环境。

脚手架的安全防护问题是很重要的一部分，下面就脚手架问题着重讲解一下。

脚手架基础必须平整坚实，有排水措施，满足架体支搭要求，确保不沉陷，不积水。其架体必须支搭在底座（托）或通长脚手板上。

钢管应使用无严重锈蚀、弯曲、压扁或裂纹的钢管。木脚手架应用小头有效直径不小于 8 厘米，无腐朽、折裂、枯节的杉篙，脚手杆件不得钢木混搭。

结构脚手架立杆间距不得大于 1.5 米，纵向水平杆（大横杆）间距不得大于 1.2 米，横向水平杆（小横杆）间距不得大于 1 米。

装修脚手架立杆间距不得大于 1.5 米。纵向水平杆（大横杆）间距不大于 1.8 米，横向水平杆（小横杆）间距不得大于 1.5 米。

这是脚手架作业面，脚手板必须满铺，作业面外侧须设置防护栏杆并用密目网封闭，下侧设置高度不小于 18 厘米的脚手板，防止材料掉出作业面伤到施工人员。操作面下方净空距离超过 3 米时，必须设置一道水平安全网，双排架里口与结构外墙间水平网无法防护时可铺设脚手板，如图 15－8。

图 15－8　脚手板铺设

案例 2：

某高层住宅建筑工地，人员通道上方正在作业的工人王某在移动一块跳板时，因失手将跳板坠落，将正在下方通道口搬运小钢模的工人张某砸伤致死。经现场调查，事故现场位于一楼门口外侧，楼门宽 2m，通道上方设置防护棚总宽度 2.5m，总长度 2m。

请工人师傅们分析，这起事故属于什么类型？该事故哪些地方不符合安全要求？应采取什么措施避免？

这是一起物体打击事故。

事故原因：1）通道防护棚未按规定要求搭设，高层建筑防护棚长度应不小于 6m；2）工人师傅在进行高处作业时，应先观察作业面下方是否有人，在进行作业前先打招呼，确保人员离开后再进行作业，这样可以保证工友的人身安全不受损害；3）施工工人通过临边洞口下方或脚手架作业区下方等存在危险等地段时，应快速通过，不可逗留。

下面是对施工现场几个重要部位的讲解。

建筑物出入口必须搭设宽于出入通道两侧的防护棚，棚顶应满铺不小于 5 厘米厚的脚手板。通道两侧用密目安全网封闭。多层建筑防护棚长度不小于 3 米，高层不小于 6 米，防护棚高度不低于 3 米，如图 15－9。乱抛物料见图 15－10。

在高处　忌乱抛
文明施工莫小瞧
物料砸坏须赔偿
落物伤人要坐牢

图 15－9　建筑出入口

图 15－10　乱抛物料

物体打击事故的引发原因同样与“四口”“五临边”的防护息息相关，除此之外，工人师傅们应正确佩戴安全帽，并且不要随便丢弃杂物垃圾，防止伤到工友。

案例 3：

某施工现场在进行土方施工时，基坑某部位突然发生坍塌，坑内进行施工的两名工人被土方埋没，抢救无效死亡。经现场调查，基坑坍塌部位堆料过多，且基坑未放坡，基坑护壁不到位。

请工人师傅们分析，这是一起什么事故？事故发生的原因是什么？应该采取什么样的措施避免？

首先，这是一起坍塌事故。

引起此次事故的原因主要有：1）坑边堆放材料过多；2）基坑未放坡且保护不到位。

下面我们就土方施工的问题做一下讲解。

土方施工安全防护

开挖深度超过 2 米的，必须在边沿处设立两道防护栏杆，用密目网封闭，如图 15－11。

图 15－11　沟边防护栏

槽、坑、沟边1米以内不得堆土、堆料、停置机具。

防护栏杆应由上、下两道横杆及栏杆柱组成，上杆离地高度为1.0～1.2米，下杆离地高度为0.5～0.6米。坡度大于1∶2.2的屋面，防护栏杆应高1.5米，并加挂安全立网。除经设计计算外，横杆长度大于2米时必须加设栏杆柱。

开挖槽、坑、沟深度超过1.5米，应根据土质和深度情况按规定放坡或加可靠支撑，并设置人员上下坡道或爬梯，爬梯两侧应用密目网封闭。(如图15-12、图15-13)

图15-12 沟、槽、坑的防护（一）

(3) 临时用电和机械安全防护

在施工现场也曾多次发生因为安全防护不到位而引发的触电与机械事故，所以，临时用电与机械的防护也是很重要的方面。

下面，我们就这个问题做一些讲解！

1) 现场临时用电安全防护知识

施工现场二级以上的配电箱、配电柜必须设置防护笼及防雨防砸棚，要求笼体坚固、美观，配电柜旁还应配备灭火器，便于临电操作，如图15-14、图15-15。

临时用电配电柜及配电箱还应设置安全警告牌、临时用电操

坑槽边　做防护
红白标记要醒目
夜晚须装警示灯
否则容易出事故

图 15－13　沟、槽、坑的防护（二）

图 15－14　配电箱（一）

作规程、负责人等。

2）现场机械设备安全防护要求

施工现场的所有机械必须设置防砸棚，且必须用坚固的防护材料进行防护。

大型料具的堆放，如大钢模等，应设置专门的堆放场地，并进行安全防护。

图 15 - 15　配电箱（二）

机械加工厂地人员较多，为防止塔吊吊物坠落应按规定设置防砸棚，如图 15 - 16。

图 15 - 16　现场机械

（4）现场安全防护注意事项

1）工人师傅们在施工现场进行作业时，应牢记下面的安全防护知识：

a. 有边必有栏（在脚手架、平台等的边缘设置防护栏杆）；

b. 有洞必有盖（作业场所的孔、洞、沟等应铺设盖、板）；

c. 无栏无盖必有网（如不设栏杆或盖板，应安装安全网）；

d. 有电必有防护措施（与高压线路、设施应保持足够的安全距离，否则必须停电或采取防护措施）；

e. 电梯必有门连锁（电梯、载货机升降过程中，门应锁紧，不得打开）。

2）遵守劳动纪律，正确佩戴劳动防护用品，做到“六不准”：

a. 安全带未挂牢不准作业；

b. 不准乱抛物件；

c. 不准穿拖鞋、高跟鞋、硬底鞋等；

d. 不准嬉戏、打闹、睡觉、攀爬；

e. 不准骑坐栏杆、扶手；

f. 不准背向竖梯上下。

3）合理安排工序，减少交叉作业；

4）未经施工负责人同意，任何人不得私自拆改安全防护设施等。

（5）结束语

安全防护是施工现场安全生产的基础保证。通过这次课，大家对施工现场的安全防护设施、设备有了认识和了解，施工现场是一个复杂的、危险源较多的场地，希望工人师傅们可以多掌握一些安全方面的知识，遵守各种规章制度，服从安全人员的指挥。

最后祝愿工人师傅们工作顺利，身体健康，平安欢乐！

（中国建筑一局（集团）有限公司华江建设有限公司
张进辉　刘帅帅）

16. 加强临边防护、预防坠落伤人

本节主要给大家讲讲如何加强临边防护，高处坠落、物体打击的主要原因是临边防护不严。因此，施工现场临边防护的好坏直接影响到工伤频率的高低，重视临边防护，加强临边防护的可靠性管理，是减轻伤亡事故的重要环节。

建筑临边指的是建筑施工中的边沿或建筑结构的边沿，其中

包括坑边、梁、柱、板、口施工临边及建筑物结构四周边、采光井周边、楼梯边……等。临边是建筑施工易发生工伤事故的地方，必须有防止人员坠落及材料坠落伤人的可靠措施。

临边的产生有三种方式：（1）临边主要来源于施工过程；(2）临边主要是机械垂直运输及水平运输；（3）临边来源于结构设计。他们之间作用一样，特点不同，防护方法也不一样。一类临边主要来自施工过程中，如施工层架子临边及施工结构与架子临边、施工层梁、柱、板、口临边。二类临边主要是施工机械水平运输或垂直运输，如外用电梯、井字架、材料周转平台、运输小车道等。三类临边最多、而且面广，如楼梯边、电梯井口、预留洞边、采光井边、通风管道边等。

加强临边防护，确保安全已成为我们安全生产的重点，根据北京市建委统计，去年全国共发生防护不到位，死亡事故几十起，由于各种各样的防护不到位的原因，而被送进医院进行抢救，最后，能够侥幸康复出院的寥寥无几，更多的人留下了终生的残疾，甚至失去了宝贵的生命，一年死亡事故有几十起，这是多么令人触目惊心的数字呀，你可曾想过，这其中，也许就有你的同事，有你的朋友，也许就有你的亲人，有你自己。然而，生活中更为可悲的是，我们仍然有那么多的同志对此无动于衷，对于违章，仍是那样泰然自若，漫不经心。安全是我们每个人的事，事故的发生，往往就在一瞬间，一次轻微地疏忽，一个不经意的动作，或者仅仅是为了省事，就会酿成人间惨剧。

在我的身边，曾发生了这样一件事：某工地，一名瓦工，上班仅 6 天，未接受三级安全教育。在 12 层运送抹灰砂浆，不小心从 12 层管道井竖洞口处坠落至 7 层管道井防护盖板上，经抢救无效死亡。

让我们分析以下导致发生事故的直接原因：

瓦工在 12 层运送抹灰砂浆时从 12 层管道井竖洞口处坠落是造成本次事故的直接原因。

事故间接原因：

(1) 12层管道竖井洞口安全防护门因抹灰临时拆除时未及时恢复。

(2) 现场光线不足，未能发现管道竖井洞口无防护门。

(3) 操作工人未经三级安全教育，对现场情况不熟悉。

(4) 现场安全生产监管不到位，未能及时发现并整改现场存在的安全隐患。

从这件事故看，安全防护设施不能随意拆掉。为了及时整改临边隐患，我们必须进行分层包干，责任落实到人头，在施工现场绘制安全防护示意图，对未防护的危险隐患插上红、黄旗示警，请片区责任人到示意图前，讲明隐患的严重性，待问题整改后才换上绿旗等管理办法，这样才能确保临边防护的有效管理，临边防护是安全管理的重要部位，少一道防护，多一个隐患，加强施工现场的临边防护是减轻伤亡事故的有效途径。

耳闻目睹发生在我们身边的一桩桩、一起起浸满血和泪的伤亡事故，我们应感到痛心、感到惋惜，生命，属于我们每个人只有一次，我们大家都应好好珍惜她、爱护他，请善待自己、善待生命，让生命之树长青长绿。往者已矣，来者可追，重视安全，刻不容缓，安全连着你和我，它在我手中，在你手中，在我们大家的心中，高高兴兴上班来，平平安安回家去，这是我们的祈盼，是我们的祝愿，更是我们大家所有共同的心的呼唤。

（中国建筑一局（集团）有限公司华中公司　徐玉英）

三　临时用电管理

17. 新工人安全教育

（临时用电）

17.1　教育目的

通过入场安全教育，使工人认识到施工现场的临时用电的危险无处不在，认识到建筑业是一个高危行业。通过入场安全教育，让工人学习施工现场安全用电知识，避免施工现场临时用电的安全事故发生。

17.2　教育重点

新工人入场安全教育（临时用电），教育重点主要放在施工现场临时用电的管理上，严禁新工人私拉乱接各种电气设备，手动工具用电必须由持证电工接线。

17.3　教育方法

通过多媒体演示、现场讲解及现场提问等方式将安全知识传授给工人。

17.4　教育时间

大约30分钟。

17.5　教育效果

通过新工人入场安全教育，使工人们认识到施工现场临时用电的危险性，学习施工现场临时用电的安全常识，使工人们的安全意识有所提高。

17.6　教育过程

(1) 告诉工人们电流对人体有哪些危害，让工人知道电的危险性。

1）一般认为：电流通过人体的心脏、肺部和中枢神经系统的危险性比较大，特别是电流通过心脏时，危险性最大。

2）触电还容易因剧烈痉挛而摔倒，导致电流通过全身并造成摔伤、坠落等二次事故。

3）电流对人体的伤害有三种：电击、电伤和电磁场伤害。

4）电击是指电流通过人体，破坏人体心脏、肺及神经系统的正常功能。

5）电伤是指电流的热效应、化学效用和机械效应对人体的伤害；主要是指电弧烧伤、熔化金属溅出烫伤等。

6）电磁场生理伤害是指在高频磁场的作用下，人会出现头晕、乏力、记忆力减退、失眠、多梦等神经系统的症状。

(2) 向工人讲解如何防止触电事故发生。

1）绝缘是防止人体触电把带电体隔离开来。瓷、玻璃、云母、橡胶、木材、胶木、塑料、布、纸和矿物油等都是常用的绝缘材料。应当注意：很多绝缘材料受潮后会丧失绝缘性能或在强电场的作用下会遭到破坏，丧失绝缘性能。

2）屏护就是采用遮拦、保护照、保护盖箱闸等把带电体同外界隔绝开来。电器开关的可动部分一般不能使用绝缘，而需要屏护。高压设备无论是否有绝缘，均应采取屏护。

3）间距就是保证必要的安全距离。间距除用于防止触及或过分接近带电体外，还能起到防止火灾、防止混线、方便操作的作用。在低压工作中，最小检修距离不应小于0.1米。

4）接地就是与大地的直接连接，电气装置或电气线路带电部分的某点与大地连接、电气装置或其他装置正常时，不带电部分某点与大地的人为连接都叫接地。

5）保护接地就是为了防止电气设备外露的不带电导体意外带电造成危险，将该电气设备经保护接地线与深埋在地下的接地体紧密连接起来的做法叫保护接地。由于绝缘破坏或其他原因而可能呈现危险电压的金属部分，都应采取保护接地措施。如电机、变压器、开关设备、照明器具及其他电气设备的金属外壳都应予以接地。一般低压系统中，保护接地电阻值应小于4欧姆。

6）保护接零就是把电气设备在正常情况下不带电的金属部分与电网的零线紧密地连接起来。应当注意的是，在三相四线制的电力系统中，通常是把电气设备的金属外壳同时接地、接零，这就是所谓的重复接地保护措施，但还应该注意，零线回路中不允许装设熔断器和开关。

（3）在施工现场内电气设备必须装设漏电保护装置。

为了保证在故障情况下人身和设备的安全，应尽量装设漏电保护器。它可以在设备及线路漏电时通过保护装置的检测机构转换取得异常信号，经中间机构转换和传递，然后促使执行机构动作，自动切断电源，起到保护作用。

（4）施工现场采用的安全电压。

1）这是用于小型电气设备或小容量电气线路的安全措施。根据欧姆定律，电压越大，电流也就越大。因此，可以把可能加在人身上的电压限制在某一范围内，使得在这种电压下，通过人体的电流不超过允许范围，这一电压就叫做安全电压。安全电压的交流电有效值不超过 50 伏，直流电不超过 120 伏。我国规定工频有效值的等级为 42 伏、36 伏、24 伏、12 伏和 6 伏。

2）凡手提照明灯、高度不足 2.5 米的一般照明灯，如果没有特殊安全结构或安全措施，应采用 42 伏或 36 伏安全电压。

3）凡金属容器内、隧道内、矿井内等工作地点狭窄、行动不便以及周围有大面积接地导体的环境，使用手提照明灯时应采用 12 伏安全电压。

（5）施工现场临时用电的注意事项。

1）不得随便乱动或私自修理现场内的电气设备。

2）经常接触和使用的配电箱、配电盘、闸刀开关、按扭开头、插座、插销以及导线等，必须保持完好，不得有破损或将带电部分裸露。

3）不得用铜丝等代替保险丝，并保持闸刀开关、磁力开关等盖面完整，以防短路时发生电弧或保险丝熔断飞溅伤人。

4）经常检查电气设备的保护接地、接零装置，保证连接牢固。

5）在移动电风扇、照明灯、电焊机等电气设备时，必须先切断电源，并保护好导线，以免磨损或拉断。

6）在使用手电钻、电砂轮等手持电动工具时，必须安装漏电保护器，工具外壳要进行防护性接地或接零，并要防止移动工具时，导线被拉断，操作时应戴好绝缘手套并站在绝缘板上。

7）在雷雨天，不要走进高压电杆、铁塔、避雷针的接地导线周围20米内。当遇到高压线断落时，周围10米之内，禁止人员进入；若已经在10米范围之内，应单足或并足跳出危险区。

8）对设备进行维修时，一定要切断电源，并在明显处放置"禁止合闸，有人工作"的警示牌。

（6）施工现场的电气作业管理措施。

从事电气工作的人员为特种作业人员，必须经过专门的安全技术培训和考核，经考试合格取得安全生产综合管理部门核发的《特种作业操作证》后，才能独立作业。电工作业人员要遵守电工作业安全操作规程，坚持维护检修制度，特别是高压检修工作的安全，必须坚持工作票、工作监护等工作制度，图17－1～图17－14为现场警示牌，要熟悉。

图17－1　现场警示牌（一）

电流对人体的伤害

电流对人体的三种伤害：电击、电伤、电磁场伤害

电击是指电流通过人体，破坏人体心脏、肺及神经系统的正常功能。

电伤是指电流的热效应、化学效用和机械效应对人体的伤害；主要是指电弧烧伤、熔化金属溅出烫伤等。

电磁场生理伤害是指在高频磁场的作用下，会出现头晕、乏力、记忆力减退、失眠、多梦等神经系统的症状。

图 17-2　现场警示牌（二）

防止触电的技术措施

绝缘、屏护和间距
是最为常见的安全措施

1. 绝缘

它是防止人体触及绝缘物把带电体封闭起来。瓷、玻璃、云母、橡胶、木材、胶木、塑料、布、纸和矿物油等都是常用的绝缘材料。

应当注意：很多绝缘材料受潮后会丧失绝缘性能或在强电场作用下会遭到破坏，丧失绝缘性能。

图 17-3　现场警示牌（三）

绝缘、屏护和间距
是最为常见的安全措施

2. 屏护

即采用遮拦、护照、护盖箱闸等把带电体同外界隔绝开来。

电器开关的可动部分一般不能使用绝缘，而需要屏护。高压设备不论是否有绝缘，均应采取屏护。

图 17-4　现场警示牌（四）

绝缘、屏护和间距
是最为常见的安全措施

3. 间距

就是保证必要的安全距离。间距除用于防止触及或过分接近带电体外，还能起到防止火灾、防止混线、方便操作的作用。在低压工作中，最小检修距离不应小于0.1米。

图 17-5　现场警示牌（五）

接地和接零

接地

指与大地的直接连接，电气装置或电气线路带电部分的某点与大地连接、电气装置或其他装置正常时不带电部分某点与大地的人为连接都叫接地。

图 17－6　现场警示牌（六）

接地和接零

保护接地

为了防止电气设备外露的不带电导体意外带电造成危险，将该电气设备经保护接地线与深埋在地下的接地体紧密连接起来的做法叫保护接地。

由于绝缘破坏或其他原因而可能呈现危险电压的金属部分，都应采取保护接地措施。如电机、变压器、开关设备、照明器具及其他电气设备的金属外壳都应予以接地。一般低压系统中，保护接地电阻值应小于4欧姆。

图 17－7　现场警示牌（七）

接地和接零

保护接零

就是把电气设备在正常情况下不带电的金属部分与电网的零线紧密地连接起来。应当注意的是：在三相四线制的电力系统中，通常是把电气设备的金属外壳同时接地、接零，这就是所谓的重复接地保护措施，但还应该注意，零线回路中不允许装设熔断器和开关。

图 17－8　现场警示牌（八）

装设漏电保护装置

为了保证在故障情况下人身和设备的安全，应尽量装设漏电流动作保护器。它可以在设备及线路漏电时通过保护装置的检测机构转换取得异常信号，经中间机构转换和传递，然后促使执行机构动作，自动切断电源，起到保护作用。

图 17－9　现场警示牌（九）

采用安全电压

这是用于小型电气设备或小容量电线路的安全措施。根据欧姆定律，电压越大，电流也就越大。因此，可以把可能加在人身上的电压限制在某一范围内，使得在这种电压下，通过人体的电流不超过允许范围，这一电压就叫做安全电压。安全电压的交流有效值不超过50伏，直流电不超过120伏。我国规定工频有效值的等级为42伏、36伏、24伏、12伏和6伏。

图 17－10　现场警示牌（十）

采用安全电压

凡手提照明灯、高度不足2.5米的一般照明灯，如果没有特殊安全结构或安全措施，应采用**42伏或36伏**安全电压。

凡金属容器内、隧道内、矿井内等工作地点狭窄、行动不便以及周围有大面积接地导体的环境，使用手提照明灯时应采用**12伏**安全电压。

图 17－11　现场警示牌（十一）

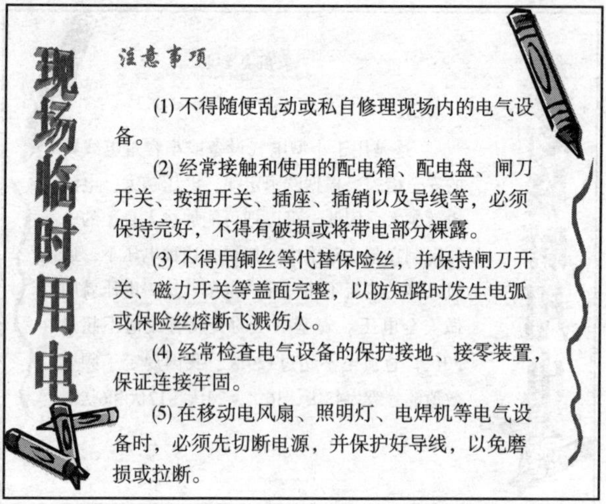

注意事项

(1) 不得随便乱动或私自修理现场内的电气设备。

(2) 经常接触和使用的配电箱、配电盘、闸刀开关、按扭开关、插座、插销以及导线等，必须保持完好，不得有破损或将带电部分裸露。

(3) 不得用铜丝等代替保险丝，并保持闸刀开关、磁力开关等盖面完整，以防短路时发生电弧或保险丝熔断飞溅伤人。

(4) 经常检查电气设备的保护接地、接零装置，保证连接牢固。

(5) 在移动电风扇、照明灯、电焊机等电气设备时，必须先切断电源，并保护好导线，以免磨损或拉断。

图 17－12　现场警示牌（十二）

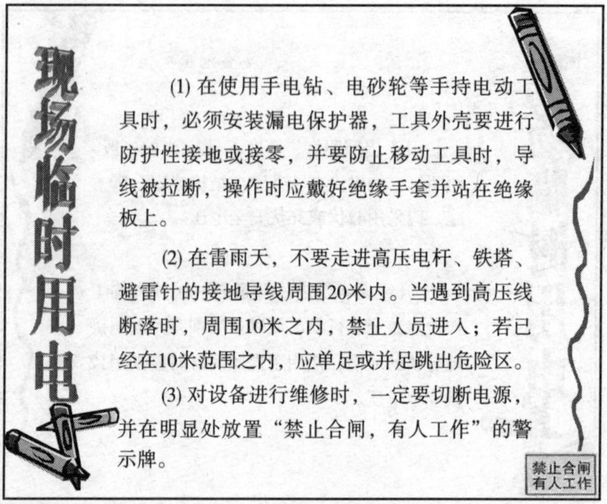

(1) 在使用手电钻、电砂轮等手持电动工具时，必须安装漏电保护器，工具外壳要进行防护性接地或接零，并要防止移动工具时，导线被拉断，操作时应戴好绝缘手套并站在绝缘板上。

(2) 在雷雨天，不要走进高压电杆、铁塔、避雷针的接地导线周围20米内。当遇到高压线断落时，周围10米之内，禁止人员进入；若已经在10米范围之内，应单足或并足跳出危险区。

(3) 对设备进行维修时，一定要切断电源，并在明显处放置“禁止合闸，有人工作”的警示牌。

禁止合闸
有人工作

图 17－13　现场警示牌（十三）

图 17-14　现场警示牌（十四）

（中国建筑一局（集团）有限公司二公司　王楠）

18. 施工现场工人安全用电知识

18.1　教育目的

使建筑工人掌握现场安全用电基本知识及预防措施和有关用电标准，避免因违章用电发生触电事故。严格遵守安全操作规程，消除和控制劳动过程中不安全行为，确保操作人员的生命安全，坚持“安全第一、预防为主”的方针，达到安全用电的目的。

18.2　教育难点

(1) 现场工人存在对安全用电的重视程度和认识不足的现象。

(2) 提高工人对用电安全的认识及预防、急救措施的能力。

(3) 严禁非电工操作和私拉乱接的危险行为。

(4) 加强工人对用电标准、操作规程的认识和理解。

(5) 通过现场用电案例分析，进一步提高工人对用电安全的重要性的认识。

18.3　教育方法

宣讲有关法律、法规、标准、用电安全操作规程，采用投影机等多种多样方法演示事故案例、预防措施及建筑施工现场用电安全知识。

18.4　教育时间

45 分钟。

18.5　教育过程

具体内容如下：

临时用电安全知识培训提纲：

1) 主要依据的标准；

2) 安全用电基本知识；

3)《施工现场临时用电安全技术规范》(JGJ46—2005)(节选)；

4) 常见的隐患及预防措施；

5) 思考题。

(1) 主要依据的标准：

如图 18－1 为有关安全标准。

1)《施工现场临时用电安全技术规范》(JGJ46—2005)；

2)《建筑施工安全检查标准》JGJ59—99；

3)《文明安全施工管理暂行规定》和《施工现场文明安全施

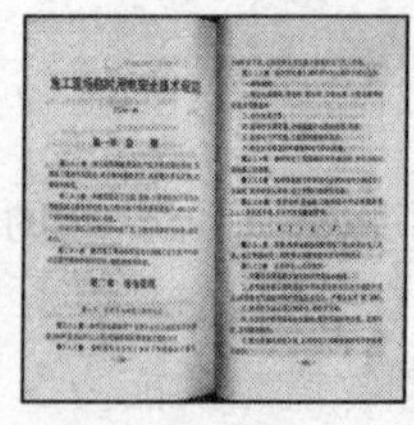

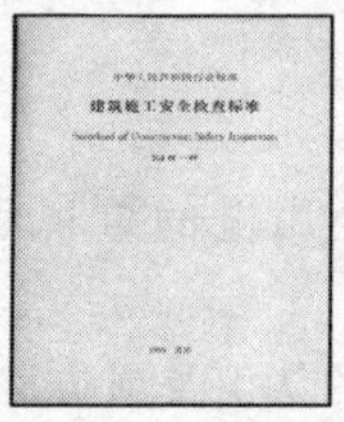

建筑施工安全检查标准

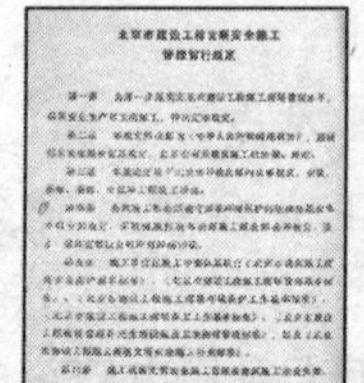

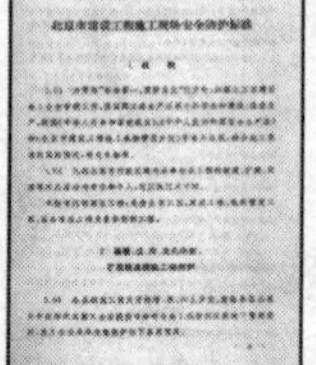

图 18－1　有关安全标准

工补充标准》京建法字（1999）1号文；

4)《北京市建设工程施工现场安全防护标准》京建施（2003）1号。

(2) 安全用电基本知识：

1) 短路：电源正、负极引出线不经负载直接相连，这种状态叫断路。

2) 断路：开关打开或电路某处断开，电流消失，负荷停止工作的状态叫短路。

3) 电流：导体中的自由电子，在电场力的作用下做有规则的定向运动形成了电流（交流电流和直流电流）。

4) 电压：是指电场中任意两点之间的电位差。

5) 高压电：是指任何带电部分对地电压在250V以上者。

6) 低压电：是指任何带电部分对地电压在250V以下者。

7) 雨期施工采用潜水泵工作时，施工人员不得入内。

8) 在塔吊导轨旁边和提升井架的周围地面上行走易遭雷击产生跨步电压伤害，因此雷雨时应暂停这些部位的作业。

9) 按照使用电压和结构特征，手持电动工具分为三类，即：I类、II类、III类手持电动工具，如图18-2。

I类工具的外壳为金属结构，额定电压500V以下，要求在干燥绝缘良好的台上操作，禁止有潮湿、易燃易爆等场所使用（京建施2003-1号文规定禁止使用I类工具）；

II类工具有双重绝缘结构。部分II类工具采用封闭的塑料绝缘外壳，操作手柄也采用塑料外壳的把柄。II类工具额定电压在500V以下。II类工具安全性较高，可在触电危险性较大的场所直接使用。III类手持电动工具是工作电压在安全电压的限值50V以下的电动工具；

III类手持电动工具的安全性能好，可使用于特别危险的场所。

10) 安全电压：

工频交流电压有效值50V以下或直流120V以下为安全电

图 18-2 电动工具的分类

压。为了使用安全电压的设备能够和电源设备相互配套，我国对工频安全电压规定了以下几个等级，即 42V、36V、24V、12V、6V等共 5 个等级。(42V 用于手持式电动工具；36V 和 24V 用于一般场所的安全灯或手提灯；12V 用于特别潮湿场所及在金属容器内的照明；6V 用于水下工作的照明灯)，如图 18-3。

11）现场发生触电事故怎么办：

a. 切断电源（如电源开关在附近应迅速切断电源）；

b. 脱离电源（用绝缘物迅速将电线、电器与伤者分离）；

c. 采取急救措施（心肺复苏法）；

d. 包扎电烧伤伤口；

e. 速送医院治疗。

注意事项：(a) 防止救护人员自身触电；(b) 防止伤者二次伤害，如图 18-4。

12）触电事故发生的原因：

a. 违反安全操作规程或安全技术规程；

b. 缺乏电气知识；

c. 维护不良；

图 18－3　电压的分类

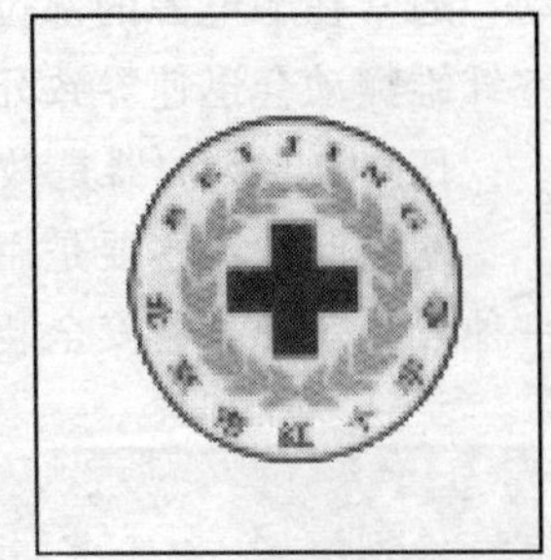

图 18－4　现场触电的处理方法

d. 设备的质量不良；

e. 意外因素。

13）触电事故的规律：

a. 触电事故的季节性；（6～9 月份发生的触电事故占全年的 80％；高压触电事故占全年的 46％；在高、低压触电事故中，均已 8 月份为全年的最高月）；

b. 低压事故多于高压事故；

c. 使用手持式电动工具及移动式电气设备时发生的触电事故多于使用固定式电气设备；

d. 非电工的触电事故多于电工的；

e. 农村的触电事故多于城市的。

14）电流对人体的生理作用：

a. 当流过人体电流在 10 毫安以下时，可有针刺、麻痹、颤抖、痉挛以至疼痛感。一般不会丧失自主摆脱电源的能力；

b. 当流过人体电流在 10～50 毫安时可有强烈的颤抖、痉挛、呼吸困难、心跳不规律等症状，如果触电时间加长，可能引起昏迷、血压升高甚至出现心室纤维颤动。在这种情况下，有可能丧失自主摆脱的能力，在无人发觉或发觉过晚时，可造成触电人的死亡；

c. 当流过人电流超过 50 毫安时，往往会引起心室纤维颤动，通常在触电源的部位有灼伤或烧伤的痕迹，一般认为引起心室纤维颤动会迅速导致死亡。

15）漏电保护器是做什么用的?

漏电保护器主要是用来对有致命危险的人身触电进行保护的一种较有效的电器安全装置，如图 18－5。

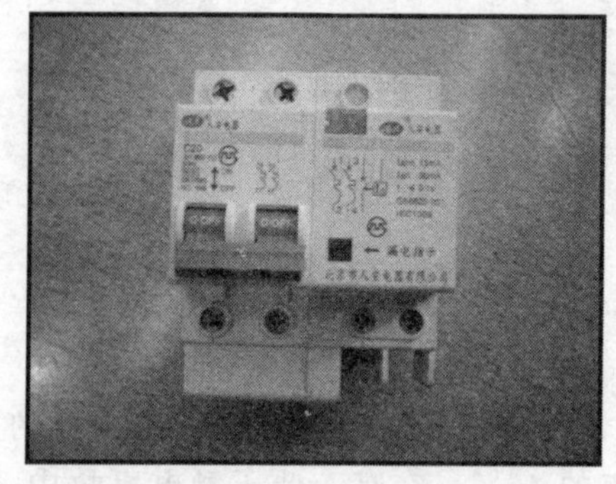

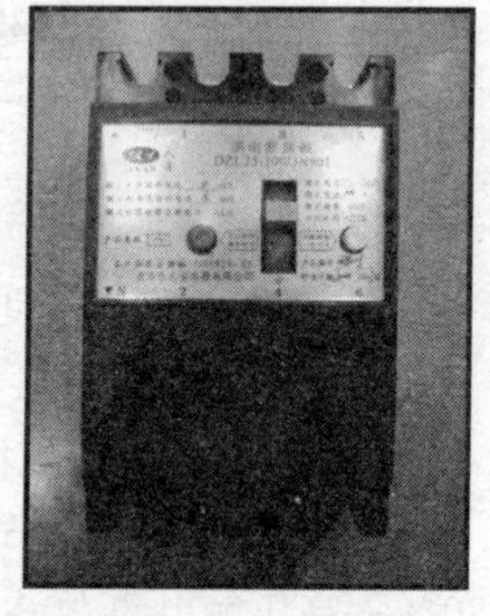

图 18－5　漏电保护器

16）电气安全用具：

对电工而言，是指在带电作业或停电检修时，用于保证人身安全的用具。

绝缘安全用具：带绝缘柄的工具（电工钢丝钳、十字旋具、电工刀），绝缘手套，绝缘鞋，绝缘台、垫等，如图 18－6。

检修安全用具：验电器、临时接地表示牌（禁止合闸，有人工作、高压危险等）、临时遮拦等。

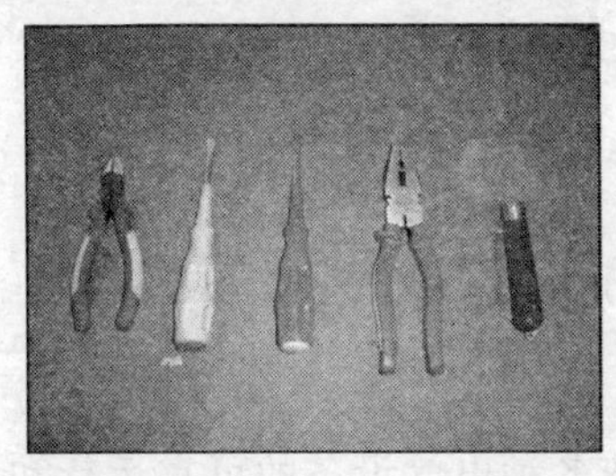

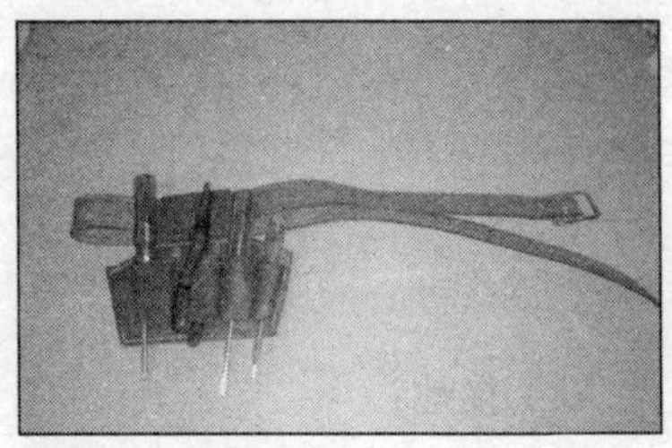

图 18－6　电工工具

登高安全用具：电工安全带、护目金镜等。

17）照明：

100 瓦白炽灯泡表面温度为 170～200 度；100 瓦荧光灯管表面温度为 100～120 度；卤灯（碘钨灯）灯管表面温度为 500～1000 度；高压水银灯的表面温度与白炽灯相似；电热器具的表面温度在 800 度以上；雷的放电温度高达 20000 度，见图 18－7。

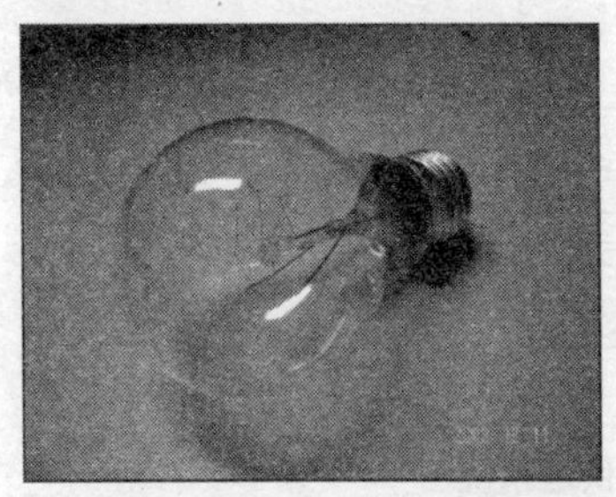

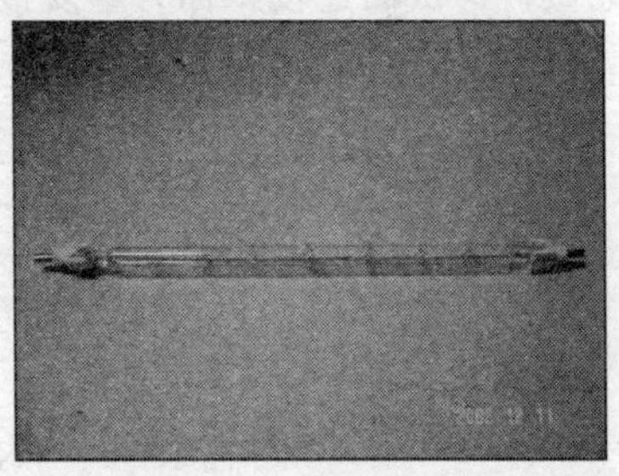

图 18－7　灯泡、灯管

18）低压熔断器：

RC1A 系列瓷插式熔断器（规格 5A、10A、15A、30A、60A、100A 、200A)，见图 18－8。

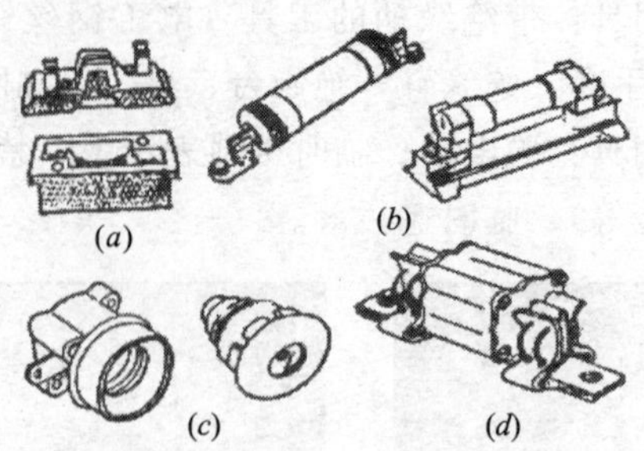

图 18－8　常用的几种熔断器

19）接地：

见图 18－9，为了保证电力系统各种电气设备的可靠运行和人身安全，将供电电源的中性点和各种电气设备的金属外壳，按照国家规程有关规定与大地作良好的电气连接，即接地。

保护接零：为防止电气设备绝缘损坏或带电体碰壳使人身遭受触电危险，将电气设备在正常情况下不带电的金属外壳与保护零线相连，称为保护接零。

重复接地：在中性点直接接地的低压三相四线制或三相五线制保护接零供电系统中，将保护零线一处或多处通过接地体与大地做再一次的连接，称为重复接地。

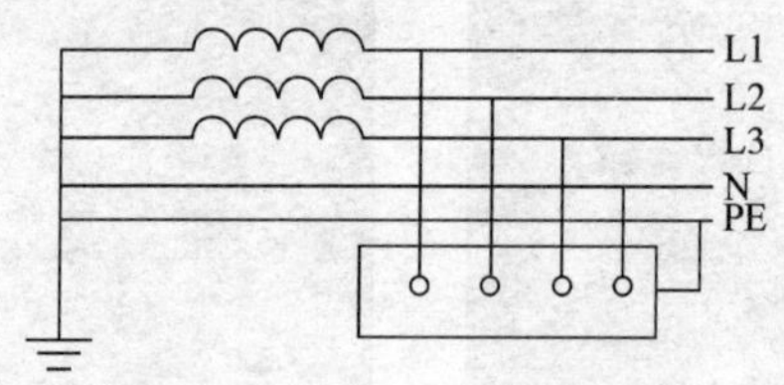

图 18－9　TN-S 供电系统图

20）低压供电的基本保护系统：

TN供电系统（TN-C和TN-S“供电系统指电气设备的工作零线和保护零线功能分开的供电系统，即三相五线制供电系统”）。

21）电焊机的二次线为什么不能借用脚手架、塔吊、导轨、工程钢筋等设备、设施呢？下面来解答这个问题。

如图18－10。焊把线（焊钳）与地线之间电压达70伏左右，属危险电压，此电压很容易在非电气联接的被借路虚点产生，这样发生触电或二次事故的机会是很高的；另外，为了防止电焊机的一次电压串入二次侧，焊接地线又与配电系统的保护零线连接，借路时如有虚接情况，强大的电流极容易通过保护零线而烧毁电缆及其电气设备，此种事故屡见不鲜。还有数百安培的电流通过截面较小的部位就会产生大量热能，周围有易燃物时容

图18－10　电焊机二次线的接法

易引起火灾，如果是设备的薄弱部位就容易降低使用寿命；如果是工程钢筋就会影响工程质量等，同时焊接质量也得不到保证。因此，电焊机地线不得借路。另外，由于电焊机空载运行时间长，损耗大，发生事故的机会大，所以必须安装节能的触电保护器。

22）电气火灾灭火器：干粉灭火器

如图 18-11。

图 18-11　干粉灭火器

《施工现场临时用电安全技术规范》(JGJ46-2005)（节选）：

第 3.1.1 条　在建工程不得在高、低压线路下方施工，高低压线路下方，不得搭设作业棚、建造生活设施，或堆放构件、架具、材料及其他杂物等。

第 3.1.2 条　在建工程（脚手架具）的外侧边缘与外电架空线路的边线之间必须保持安全操作距离。最小安全操作距离应不小于表 3.1.2 所列数值。

在建工程（脚手架具）的外侧边缘与外电线路的边线之间的最小安全操作距离　　**表 3.1.2**

外电线路电压	1kV 以下	1～10kV	35～110kV	154～220kV	330～500kV
最小安全操作距离（m）	4	6	8	10	15

注：上、下脚手架的斜道严禁搭设在有外电线路的一侧。

第 3.1.3 条 施工现场的机动车道与外电架空线路交叉时，架空线路的低点与路面的垂直距离应不小于表 3.1.3 所列数值。

施工现场的机动车道与外电架空线路交叉时的最小垂直距离

表 3.1.3

外电线路电压	1 kV	1～10 kV	35 kV
最小垂直距离（m）	6	7	7

第 3.1.4 条 旋转臂架式起重机的任何部位或被吊物边缘与 10kV 以下的架空线路最小水平距离不得小于 2 米。

第 4.1.8 条 保护零线不得装设开关或熔断器。

第 4.1.10 条 保护零线应单独敷设，不作它用。重复接地线应与保护零线相连接。

第 4.1.12 条 与电器设备连接的保护零线应为截面不小于 2.5 毫米的绝缘多股铜线。保护零线的统一标志为绿/黄双色线。在任何情况下不准使用绿/黄双色线作负荷线。

第 4.2.1 条 正常情况下，下列电气设备不带电的外露导电部分，应做保护零线：

一、电机、变压器、电器、照明器具、手持电动工具的金属外壳；

二、电气设备传动装置的金属部件；

三、配电屏与控制屏的金属框架；

四、室内、外配电装置的金属框架及靠近带电部分的金属围栏和金属门；

五、电力线路的金属保护管、敷线的钢索、起重机轨道、滑升模板金属操作平台等；

六、安装在电力线路杆（塔）上的开关电容器等电气装置的金属外壳及支架。

第 4.3.2 条 保护零线除必须在配电室或总配电箱处作重复接地外，还必须在配电线路的中间处和末端处做重复接地。电动机械的重复接地应符合第八章的规定。保护零线每一重复接地装置的接地电阻值应不大于10欧姆。在工作接地电阻值允许达到10欧姆的电力系统中，所有重复接地的并联等值电阻应不大于10欧姆。

第4.3.3条 每一接地装置的接地线应采用二根以上导体，在不同点与接地装置做电气连接不得用铝导体做接地体或地下接地线。垂直接地体宜采用角钢、钢管或圆钢，不宜采用螺纹钢材。

第4.3.4条 电气设备应采用专用芯线作保护接零，此芯线严禁通过工作电流。

第4.3.5条 手持式用电设备的保护零线，应在绝缘良好的多股铜线橡皮电缆内。其截面不小于1.5平方毫米；其芯线颜色为绿/黄双色。

第5.1.3条 配电室和控制室应自然通风，并采取防止雨雪和动物出入措施。室内应配置沙箱和绝缘灭火器。

第6.1.2条 架空线必须设在专用电杆上，严禁架设在树木、脚手架上。

如图18-12

图18-12 架空线搭设

第6.1.3条 电缆在室外直接埋地敷设的深度应不小于0.6米，并应在电缆上下各均匀铺设不小于50毫米厚的细纱，然后覆盖砖等硬质保护层。

电缆敷设如图18-13。

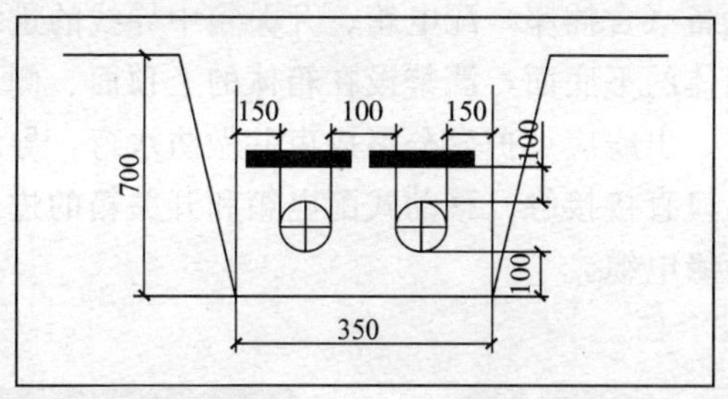

图 18-13　电缆敷设

第 7.1.4 条　总配电箱应设在靠近电源的地区。分配电箱应装设在用电设备或负荷相对集中的地区。分配电箱与开关箱的距离不得超过 30 米。开关箱与其控制的固定式用电设备的水平距离不宜超过 3 米。

第 7.1.6 条　配电箱、开关箱周围应有足够两人同时工作的空间和通道。不得堆放任何妨碍操作、维修的物品；不得有灌木、杂草。

第 7.1.8 条　固定式配电箱、开关箱的下底与地面的垂直距离应大于 1.3 米，小于 1.5 米；移动式分配电箱、开关箱的下底与地面的垂直距离宜大于 0.6 米，小于 1.5 米。

第 7.1.14 条　配电箱、开关箱必须防雨、防尘。

如图 18-14。

图 18-14　配电箱、开关箱放置

第 7.2.5 条　每台用电设备应有各自专用的开关箱，必须实行“一机一闸”制，严禁用同一个开关电器直接控制两台及两台以上用电设备（含插座）配电箱、开关箱中导线的进线口和出线口应设在箱体的下底面，严禁设在箱体的上顶面、侧面、后面或箱门处。进、出线应加护套分路成束并做防水弯，导线束不得与箱体进、出口直接接触。移动式配电箱和开关箱的进、出线必须采用橡皮绝缘电缆。

如图 18－15。

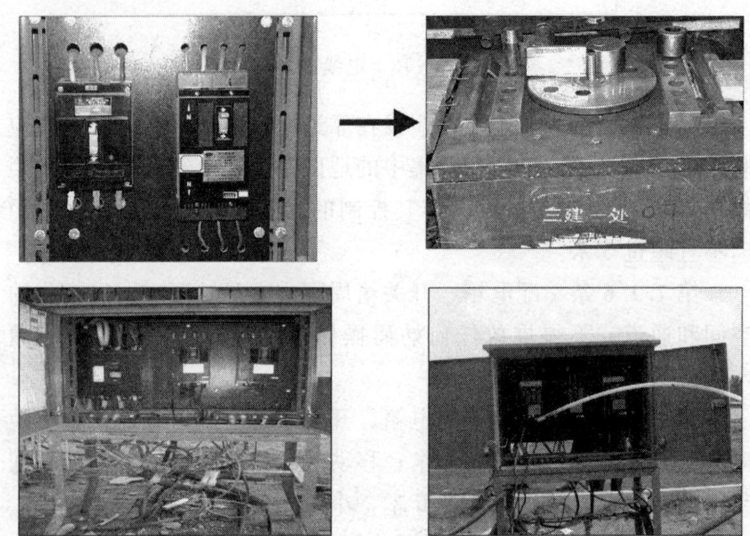

图 18－15　开关箱安装

第 7.3.5 条　所有配电箱、开关箱在使用过程中必须按照下述操作顺序。

一、送电操作顺序为：总配电箱——分配电箱——开关箱；

二、停电操作顺序为：开关箱——分配电箱——总配电箱（出现电气故障的紧急情况除外）。

第 7.3.8 条　配电箱、开关箱内不得放置任何杂物，并应经常保持整洁。

第 7.3.9 条　配电箱、开关箱内不得挂接其他临时用电设备。

第 7.3.10 条 熔断器的容体更换时，严禁用不符合原规格的容体代替。

第 8.1.3 条 手持电动工具的 II 类工具和 III 类工具可不做保护接零。

第 8.3.2 条 潜水电机的负荷线应采用 YHS 型潜水电机用防水橡皮护套电缆，长度应小于 1.5 米，不得承受外力。

如图 18－16。

图 18－16 潜水电机

第 8.4.1 条 夯土机械必须装设防溅型漏电保护器。其额定漏电动作电流不应大于 15 兆安，额定漏电动作时间应小于 0.1 秒。

第 8.4.2 条 夯土机械的负荷线应采用耐气候型的橡皮护套铜芯软电缆。

第 8.4.3 条 使用夯土机械必须按规定穿戴绝缘用品，应有专人调整电缆。电缆线长度应不大于 50 米。严禁电缆缠绕、扭结和被夯土机械跨越。多台夯土机械并列工作时，其间距不得小于 5 米，串列工作时，不得小于 10 米。

第 8.4.4 条 夯土机械的操作扶手必须采取绝缘措施。

如图 18－17。

第 8.4.5 条 手持式电动工具的外壳、手柄、负荷线、插

图 18-17　夯土机械

头、开关等必须完好无损，使用前必须作空载检查，运转正常方可使用。

第 9.2.2 条　一般场所宜选用额定电压为 220V 的照明器。对下列特殊场所应使用安全电压照明：

一、隧道、人防工程，有高温、导电灰尘或灯具离地面高度低于 2.4 米等场所的照明，电源电压不大于 36V；

二、在潮湿和宜触及带电体场所的照明电源电压不得大于 24V；

三、在特别潮湿的场所、导电良好的地面、锅炉或金属容器内工作的照明电源电压不得大于 12V。

第 9.3.1 条　照明灯具的金属外壳必须作保护接零。单相回路的照明开关箱（板）内必须装设漏电保护器。

第 9.3.2 条　室外灯具距地面不得低于 3 米，室内灯具不得低于 2.4 米。

第 9.3.7 条　螺口灯头及接线应符合下列要求：

相线接在与中心触头相连的一端，零线接在与螺纹口相连的一端；

如图 18－18。

图 18－18　螺口灯头

第 9.3.10 条　电器灯具的相线必须经开关控制，不得将相线直接引入灯具。

(3) 常见的隐患及预防措施：

案例 1： 隐　　患：非电工接线、二级箱无防护。

正确做法：由专业电工（取得特种作业操作证）接线和维护、搭设防护棚，如图 18－19。

(*a*) 木工

(*b*) 电工

图 18－19　非电工接线

案例 2： 隐　　患：手动工具直接从碘钨灯引电源。

正确做法：应从末级的手提专用箱接入，如图18－20。

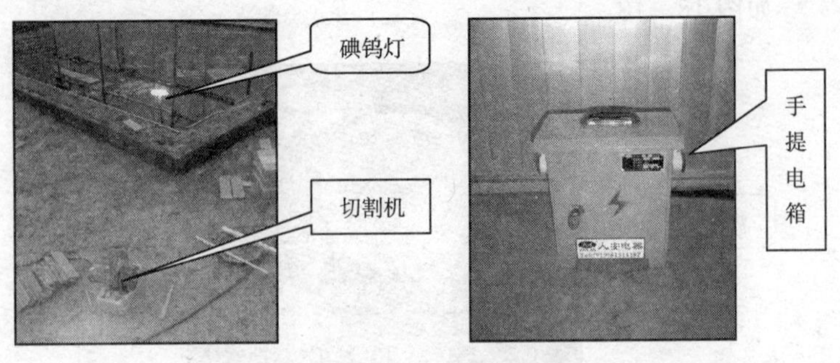

图 18-20　手动工具

案例 3： 隐　　患：保护零线使用红色线且为独股，电源线从箱体外侧接入。

正确做法：保护零线应使用绿/黄双色线、多股线芯、电源线从电箱下口进线口接入，如图 18-21。

图 18-21　保护零线

案例 4： 隐　　患：低压照明采用胶质线，接线处带电体明露。

正确做法：采用护套线，接线处用绝缘胶布包好（严禁使用胶质线），如图 18-22。

图 18－22　低压照明

案例 5： 隐　　患：一闸多机、虚接、防护罩丢失、接点脱落。

正确做法：一闸一机、接点压实、加防护罩，如图 18－23。

图 18－23　现场接线（一）

案例 6： 隐　　患：焊机一次线从漏电开关上端头接入，漏电失灵。

正确做法：更换合格的漏电开关，电源线从控制开关下端接入，如图 18－24。

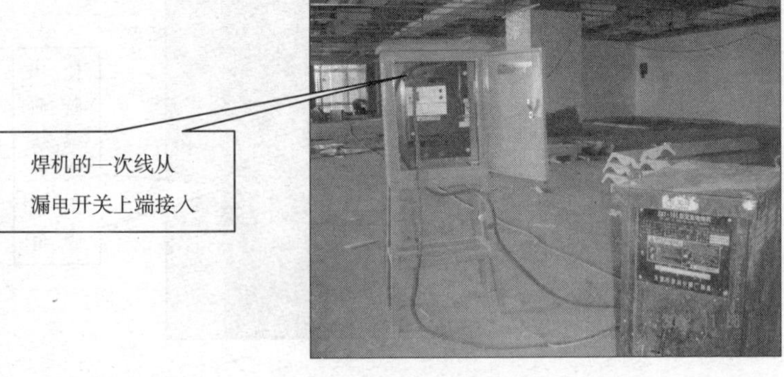

图 18－24　现场接线（二）

案例 7：隐　　患：电动工具使用线磙子。

正确做法：应使用末级手提控制箱，如图 18－25。

图 18－25　现场接线（三）

案例 8：隐　　患：焊机二次侧接出两套焊把线（一机多用），地线使用铁板。

正确做法：应接出一个焊把线，使用专用地线，如图 18－26。

图 18-26　现场接线（四）

案例 9：隐　　患：电源线线头直接插入插座内。

正确做法：应使用插头，如图 18-27。

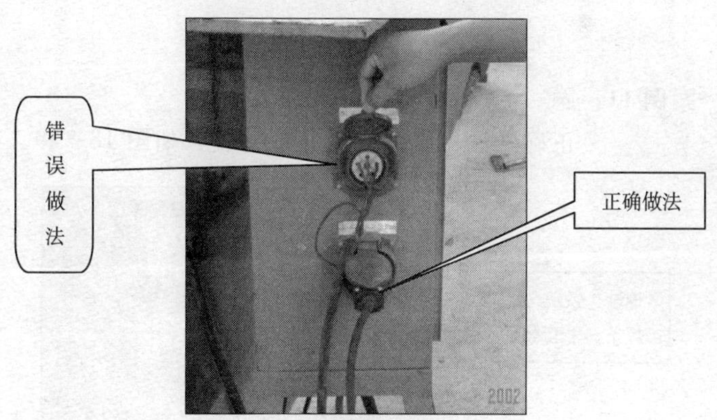

图 18-27　电源线

案例 10：隐　　患：用钢丝绑扎电源线。

正确做法：用绝缘绳、绝缘钩、瓷瓶、瓷珠绑扎吊挂，如图 18-28。

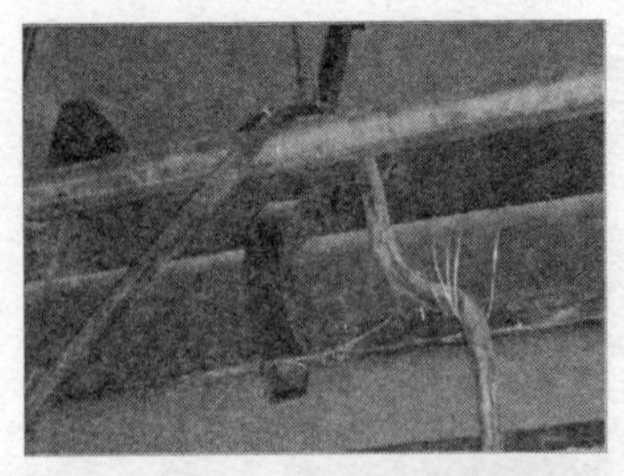

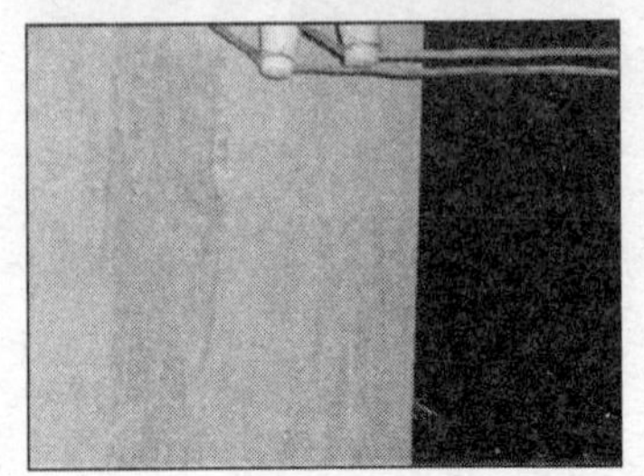

图 18－28　电源线的敷设

案例 11： 隐　　患：箱内有杂物。

正确做法：电箱内禁止放杂物，如图 18－29。

棉纱、铁铲、焊条、手套等

图 18－29　电源箱

案例 12： 隐　　患：固定设备、电源线防雨措施不当，有积水。

正确做法：应大设有效的防护棚或塑料布覆盖，如图 18－30。

图 18－30　设备的保管

案例 13：隐　　患：配电箱电源线未固定，末级箱无漏电保护器。

正确做法：电源线应固定、安装漏电保护器，如图 18－31。

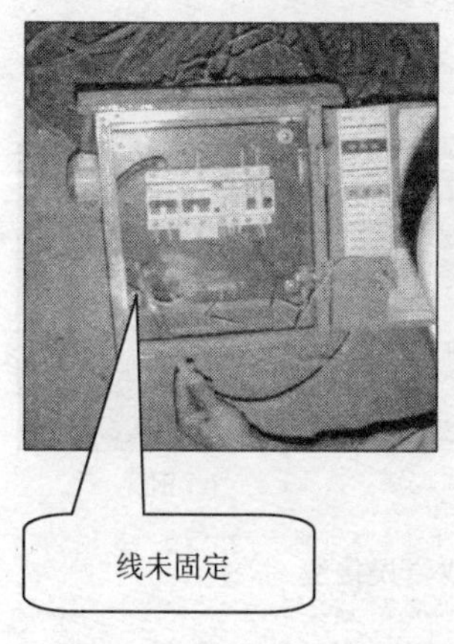

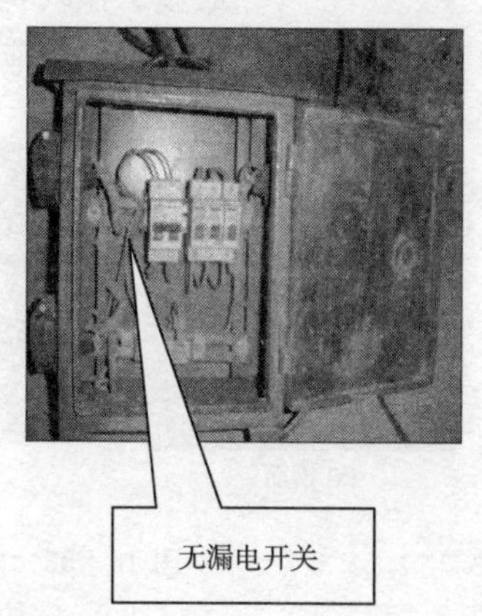

图 18－31　配电箱的接法

案例 14：隐　　患：照明灯具与可燃物太近。

正确做法：应与可燃物保持一定距离（普通灯具不易小于 300 毫米；聚光灯、碘钨灯等高热灯具不易小于 500 毫米），如图 18－32。

图 18－32　照明灯具与可燃物太近

案例 15： 隐　　患：焊机地线借用外架、管道、电盒、钢筋做工作线，如图 18－33。

正确做法：应使用焊把线，双线到位。

(a) 钢筋

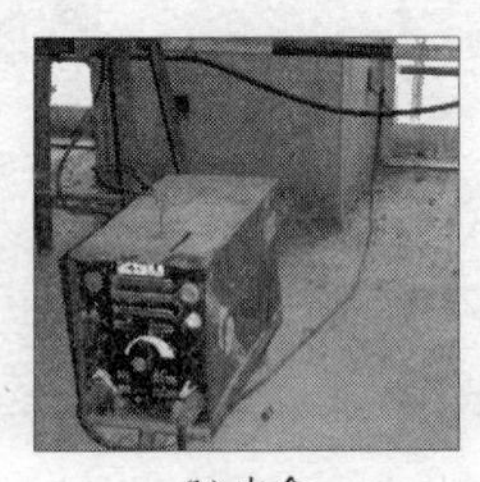
(b) 电盒

(c) 钢管

图 18－33　电焊机二次线错误接法

案例 16： 隐　　患：大夯机操作人员不戴绝缘手套。

正确做法：操作人员戴绝缘手套，如图 18－34。

图 18 - 34　大夯机操作

案例 17：隐　　患：配电箱防护棚搭设不规范，周围堆放材料。

正确做法：搭设防护棚，清理周围杂物，如图18 - 35。

图 18 - 35　配电箱防护棚

案例 18：隐　　患：电线浸在水中，切割机从二级箱接入，如图 18 - 36。

正确做法：电线应架空，使用专用箱（达到三级配电逐级保护）。

图 18－36　切割机接线

案例 19： 隐　　患：使用刀闸开关（铜丝代替保险丝），低压照明接线处带电体明露。

正确做法：使用瓷插保险、电体明露处用绝缘胶布包好，如图 18－37。

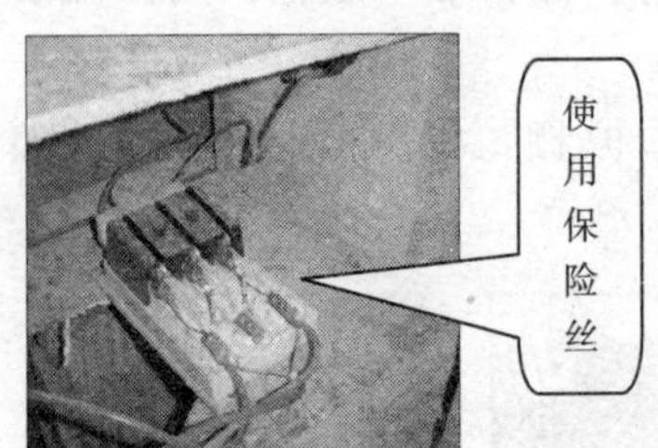

图 18－37　接线方法（一）

案例 20： 隐　　患：焊机二次侧带电体明露，接线不规范。

正确做法：用铜鼻子连接，包绝缘胶布，如图18－38。

图 18－38　接线方法（二）

案例 21： 隐　　患：插头压线不正确。

正确做法：外绝缘部分应伸进插头内部并压牢，如图 18－39。

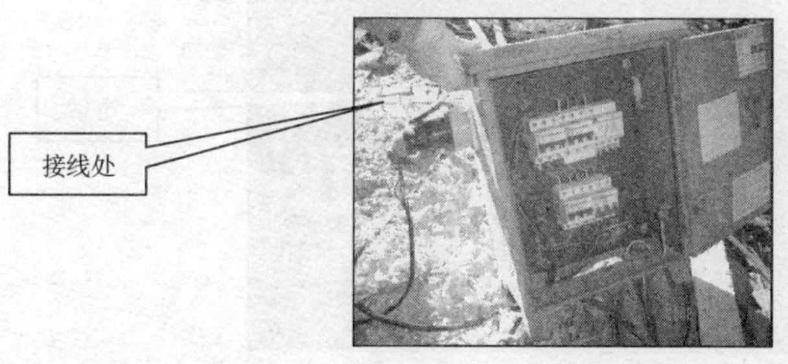

图 18－39　接线方法（三）

案例 22： 隐　　患：碘钨灯高度不够，敞开式灯具。

正确做法：不应低于 2.4 米，碘钨灯应采用密闭式防雨灯具，手持部位应有绝缘措施，接好保护零线，如图 18－40。

图 18－40　接线方法（四）

案例 23： 隐　　患：手动工具电源线超长（10 米多）。

正确做法：手动工具的电源线为 3～5 米，如

图18－41。

图 18－41　接线方法（五）

案例 24： 隐　　患：埋地电缆（保护管）被破坏。

正确做法：用人工把埋地电缆挖出，并架空保护好，再用机器开挖沟，如图 18－42。

图 18－42　埋地电缆

案例 25： 电缆敷设规范，有标识，如图 18－43。

图 18－43　电缆敷设

案例 26： 降水用的抽水机电源线必须用绝缘材料绑扎。

案例 27： 防护齐全，接线正确，如图 18－44。

(*a*) 焊机一次侧

(*b*) 焊机二次侧

图 18－44　电焊机接线

案例 28： 高压线在塔吊半径范围内或达不到安全距离的，应采取防护隔离措施，如图 18－45。

图 18-45　杉篙搭设的防护架

案例 29： 配电箱应搭设防雨、防砸的防护棚、电箱高度（电箱的中心点与地面的垂直距离）1.4～1.6 米，配灭火器、电箱编号，金属防护棚接地，如图 18-46。

图 18-46　配电箱的保护

18.6 思考题

（1）填空题

1）在施工现场专用的中性点直接接地的电力线路中必须采用________接零保护系统。

2）施工现场必须实行三级________逐级________。

3）配电箱必须搭设________、________。

4）配电箱与所控制的开关箱间距不大于________米。

5）固定设备专用箱下底与地面的垂直距离不得小于________米。

6）电焊机应自一次侧安装专用保护装置。如使用设备开关箱的，则二次侧必须安装________。

（2）选择题

1）保护零线应由（　）级漏电保护装置电源侧的零线引出。

A. 第一　　B. 第二　　C. 第三

2）保护零线每一重复接地电阻值不得大于（　）欧姆。

A. 4　　B. 10　　C. 30

3）配电箱及（　）、（　）、（　）都必须用绿/黄双色线作金属性连接。

A. 箱门　　B. 绝缘板　　C. 支架

D. 围护栏

4）地下结构照明线架设高度距地面不小于（　）米。

A. 1.8　　B. 2.4　　C. 3.0

5）手持电动工具负荷线（　）。

A. 不得有接头　　B. 按施工需要接长　　C. 由电工接长

6）所有电器设备、开关箱或电动工具发生故障，都必须由（　）检查，维护。

A. 使用维护者　　B. 班组长　　C. 专职维护电工

7）救护触电人员，首先应使其（　），将其（　），就地做（　），同时（　）。

A. 脱离电源　　B. 将其抬至通风处，使其仰卧

C. 注射强心剂　D. 新肺挤压

E、呼叫医生迅速赶赴现场参加救护

(3) 简答题

1) 现场哪些电器须做保护接零（至少答出三种）?

2) 电缆埋地敷设有哪些规定?

3) 对配电箱设置的环境有什么要求?

4) 配电箱下进出线应怎样保护

18.7 思考题答案

(略)

(中国建筑一局（集团）有限公司建设发展公司　刘善安)

19. 施工现场工人安全教育

(安全用电与事故救护)

19.1 教育目的

使工人了解基础的电气知识，掌握人身触电事故的规律性及防护技术，增强触电后互救能力。

19.2 教育重点

入场工人文化素质参差不齐，多数学员缺少电学基础常识。

19.3 教育方法

(1) 以有奖问答的发式，提高教育质量，现场应准备小礼品(牙膏、毛巾、肥皂、水杯等)。

(2) 用提问的方式，引导学员得出结论。

19.4 教育时间

90分钟。

19.5 预期效果

(1) 使学员认识到电的危险性。

(2) 使学员了解触电的基本规律。

(3) 使学员掌握基本的急救知识。

19.6 教育过程

(1) 为什么要给大家讲用电的相关知识？

主要因为大家在生活、工作中都要用到电，在一旦发生事故，比如触电时，能有足够的应变能力，减少损失。

(2) 安全用电的重要意义：

电力是一种特殊的商品，因其使用便利、易于输送、无污染而得到广泛使用。电气设备比其他设备特殊，首先电是一种看不见、摸不着的物质；其次电是一种能量，输送时需要专门敷设线路，就是说电能够从任何的导体流过，包括人体，这种特性决定了电的危险性。在使用过程中如果不注意安全，会造成人身伤亡事故或电气设备损坏事故，甚至可能涉及到电力系统，造成大面积停电，使国家财产受到巨大损失。

电流对人体的伤害：

提问：(1) 有过触电经历的请举手。

(2) 请说一说自己触电时的感觉。

触电伤害总结：

在低压系统中，电流通过人体，会直接对人体的器官造成伤害。

(1) 轻微的有麻木的感觉。

(2) 稍重将造成呼吸困难。

(3) 严重者会呼吸停止，心脏停止跳动，导致死亡。

如何避免电击：使电气设备导电部分不外露，使电气设备的金属外壳做接零保护。下面简要介绍接零保护原理，电就像水一样喜欢走捷径，就是有好走的路，就不会绕弯了，保护接零，就是给电气设备接一种线，这条线和人身体比较是捷径，漏电了之后，电就从保护零线流走了，人体没有电流流过，就能保证安全了，接到设备上的黄绿色花线就是保护零线。(注：确切说是有一小部分电流从人体流过，但可勿略不计，不用和学员讲明)

下面给大家介绍一下高压系统的触电危害，高压系统比低压系统要危险的多。

在高压系统中，人体与高压带电体接近时到一定程度，会产生电弧放电，就像电焊机一样。电弧的温度可以达到摄氏温度3000度以上，导体将变成金属蒸气，轻微的会烧伤皮肤，严重的金属蒸气会渗入皮肤造成金属化皮肤，还可以使人体水分迅速蒸发。金属化皮肤极难治愈，皮肤粗糙变硬，变成黄色甚至褐色的。与带电体保持安全距离可有效防止触电。

提问：在普通的建筑施工现场哪些地点存在高压电？

总结学员发言：（1）变压器附近；（2）高压架空线；（3）地下高压电缆。

这些地点都是非常危险的，我们在施工作业中一定要小心。

常见的触电形式：

单线触电、两线触电、跨步电压触电。下面分别介绍。

单线触电就是人站在地面上，接触了一根电线，电流就从人体流过，发生触电。提高人体与大地之间的电阻能有效防止或降低伤害，比如穿绝缘鞋、戴绝缘手套。

两线触电就是人体的不同部位分别接触到两条电线，电流流过人体，发生触电。这种触电是非常危险的。提问：大家想一想为什么两线触非常危险？

结论：（1）穿绝缘鞋等绝缘措施不管用。（2）触电电压相对较高（380V）。（3）漏电保护器不会跳闸。

跨步电压触电比较特殊，可能大家比较陌生，简单来说就是一个带电的电线搭在地上，人从接地点附近经过时，有电流从两腿流过，造成触电。当电流流过两腿时，人会因为电击而摔倒，就再也爬不起来了，如果没人来救就会被电死。所以看到有电线掉到地上时应该远离它，在20米以外就不会有危险了。

触电事故的规律性：

（1）一般夏季比冬季多。

提问：为什么夏季容易触电？

总结：因为夏季气温高，衣服单薄，加上人体出汗使衣服变潮，容易发生触电；夏季空气潮湿，设备的绝缘性能会降低；另外炎热、蚊虫叮咬会使人休息不好，造成工作中精神不集中，也容易发生触电。所以进入夏季时我们更应该注意触电。

(2) 手持电动工具多于固定设备。

提问：为什么手持电动工具容易触电？

总结：手持电动工具在使用中振动较大，易造成绝缘损坏；电源线在引出部位绝缘皮易磨损；电源线存在接头在移动中绝缘被拉裂；在使用时往往抓得很紧，触电后松不了手。

电气火灾：

特点：着火后电气设备可能仍然带电；着火烧掉设备的绝缘使设备的带电体明露；充油设备，如变压器、电容器等可能发生爆炸。

提问：介绍了电气火灾的特点，想问大家一个问题，如果我们的周围有电器着火了，我们要如何去救？

总结发言，得出灭火方法及注意事项：带电时不能用水灭火。灭火前应尽可能快速断电，如在夜间断电时应尽量保留照明线路；灭火时应使用允许带电灭火的灭火器，如二氧化碳灭火器、干粉灭火器等，我们施工现场提供的灭火器都可以用；注意架空线烧断后造成触电；没穿绝缘靴的扑救人员，还要防止因地面积水导电而发生触电；高压设备着火，我们最好不要动手扑救，应迅速报警，并通知项目领导。

触电急救：

提问：当发现有人触电，你会怎么办？

小结：如果触电人尚未脱离电源，必须设法使触电者脱离电源。使触电者脱离电源应尽快进行，越快越好，触电时间越长，触电者危险越大。在救人过程中一定要注意自己不要直接与触电者接触，小心救人不成反而自己也触电。

使触电者脱离电源的方法：

提问：大家都知道要使触电人脱离电源，但是如何去做呢？

总结发言：拉开电源开关，拔电源插头，用带绝缘柄的钳子切断电源，注意绝缘柄要完好可靠。用干燥的木把工具，如斧子等把电线切断。用干燥的木棒等把电线挑开，揪住触电者的干燥衣服将其拉开。

脱离电源了，下一步该救人了，如何救？

如触电人神志清醒，应让他就地躺平，不要让他站立走动，并要注意观察。

如触电人神志不清，俗话就是晕了，也应让他就地躺平，将他嘴里的假牙等掏出来，保证他呼吸通畅。叫一叫看能不能叫醒，注意不要振动其头部。

如果因为触电摔伤了，应就地平躺，并先止血。

如果伤员没有呼吸和心跳了，应该立即就地抢救，并拔打120、999。

下面介绍两种常用的急救方法（可叫一名学员上来做演示）：

人工呼吸法：用于呼吸停止的触电者

(1) 要确保呼吸道通畅。如发现阻塞，主要是痰等，应使其头部侧转，并迅速用一个手指从嘴角插入取出异物。要注意不要将异物推进咽喉深处。

(2) 使触电者平躺，头部尽量后仰，这样呼吸道比较顺畅。注意不要用枕头等垫在伤员头下。（现场演示如何使其头部后仰——用一只手放在触电者前额，另一只手的手指将其下颌骨向上抬起）

(3) 救护人员用放在额头上的手指捏住伤员鼻子，防止吹气时漏气，吹两秒，放松三秒。

(4) 吹气时量不需过大，以免引起胃膨胀。吹气和放松时伤员的胸部应有起伏动作。吹气时如有较大阻力，可能时头部后仰不够。

(5) 触电伤员牙关紧闭时，可采用口对鼻人工呼吸。口对鼻人工呼吸时，要将伤员的嘴唇紧闭，防止漏气。

胸外心脏按压法：用于心跳停止者

(1) 心脏位置：胸骨与肋骨交会处（俗话说的心口窝）偏上。

(2) 使触电人平躺在硬的地方，救护人员站或跪在伤员的胸侧。

(3) 救护人员的两手掌根交叉相叠，以下面的手掌根部贴近触电人的心脏部位施力下压，一压一松反复进行。下压时双臂伸直不得弯曲，腰部用力，通过伸直的双臂将触电人心脏部位的胸骨下压，使心脏中的血液挤出；放松时，手掌不要离开触电人的胸部。

(4) 挤压的节奏要合理，一般应为每分钟 60 次。而且要匀速下压，放松时动作要快，只有这样才能有满意的效果。

(5) 下压深度要合理，成年人下压深度为 3～5 厘米，儿童和瘦弱者要适当减小。

(6) 当触电人心脏恢复跳动，可停止这项工作，但仍要密切观察。

如胸处按压与人工呼吸同时进行，其节奏为：单人抢救时，每按压 15 次后吹气 2 次，反复进行；双人抢救时，第按压 5 次后由另一人吹气一次，反复进行。

对触电人急救过程中应注意哪些安全问题？

(1) 使触电人脱离电源后，如需进行人工呼吸及胸外心脏挤压，要立即进行。

(2) 施救操作必须是连续的，不能中断，也不要轻易丧失信心。有经过 4 小时的抢救而将假死的触电人救活的记录。

(3) 如需送往医院或急救站，在转院的途中也不能中断救护操作。

(4) 对于经救护开始恢复呼吸或心脏跳动功能的触电人，救护人不应离开，要密切观察，准备可能需要的再一次救护。

(5) 夜间救护要解决临时照明。

注：

(1) 本教案在编制过程中参考了化学工业出版社的《电工》。

(2) 要求在讲述过程中尽量口语化。

（中国建筑一局（集团）有限公司五公司　张磊）

四　机械安全管理

20. 塔吊司机日常自查安全教育

20.1　教育目的

从讲解塔吊限位、保险和钢结构等重要部位的作用和检查方法入手，结合其他单位和本单位真实的事故案例，使塔吊司机从思想上认识塔吊日常自查的重要性，不断加强业务水平学习，以便及时发现存在的隐患，克服思想上的麻痹和侥幸心理，杜绝设备带病运转，从而保证塔吊正常稳定运转。

20.2　教育重点

紧紧抓住产品的技术更新和思想上的麻痹、侥幸心理，一方面是技术的更新换代，要求必须不断加强业务知识的学习，深入了解塔吊的各项性能；二是杜绝思想上的松懈情绪，排除侥幸心理，绝对禁止塔吊带病运转。

20.3　教育方法

(1) 通过多种方式，由专业人员对塔吊的重要部位进行深入讲解，使塔吊司机深刻领会各部位的检查方法和注意事项；

(2) 结合过去发生的案例，剖析塔吊存在的隐患及由此造成的后果，警示塔吊司机决不能掉以轻心和麻痹大意。

20.4　教育时间

40～50 分钟。

20.5　预期效果

(1) 通过血的事故教训，提高操作人员的责任心和“安全第一”的思想；预防为主的落脚点是做好塔吊的日常检查。

(2) 理论和实践相结合，使操作人员明确日常检查的重要部位和方法，从而有效地排除塔吊存在的隐患，保证设备和人员的安全。

20.6 教育过程

(1) 通过使用投影仪，由专业人员结合不同的塔吊型号进行有关塔吊技术性能的讲解。讲解日常检查的重点部位和不同的部位所采用的具体方法，如塔吊的限位、保险、钢结构和基础等重要部位。塔吊基础是非常重要的部位，平常上、下塔吊时能够一眼看到，要保证塔吊基础的干燥、清洁及大雨过后要通过专用仪器观测基础的沉降；如果不及时发现基础的偏差，就会给塔吊的安全运行带来隐患，甚至有倒塔的危险。塔吊的限位和保险装置需要通过接班后进行不少于3次试运行，才能检验出限位、保险装置是否有效。塔身的钢结构则需要认真细致的检查，发现塔吊结构是否存在开焊、开裂等问题。这些问题如果不能及时地排除，对塔吊的安全性能都将产生重大的影响，严重时有倒塔的危险。

(2) 对以前的事故案例进行认真分析，剖析隐患的部位及发生事故的原因，明确应该重点进行检查的部位，发现问题后排除问题的方法。通过检查，及时发现事故隐患，避免事故发生。

案例1： 2001年2月，一台由行走台车固定在轨道上作业的H3/36B塔吊，在吊运一捆钢筋至楼面，卸下吊物时，突然发生整机侧向缓慢倾翻。经现场勘察，发现底架斜撑杆的连接销轴脱落，使撑杆失去支撑作业造成塔吊倾翻。

结论： 操作人员对塔吊的检查不到位。如果能在塔吊运行前仔细地检查一遍，及时发现脱落的销子，事故有可能就会避免。

案例2： 2003年7月，在某工地有一QTZ160塔吊在吊运大模板过程中，起升机构的刹车突然失灵，幸好司机反映比较快，及时回转到无人处，未造成大的损失。分析原因是日常检查不到位所致，检查时没有及时发现塔吊主卷扬机的异常。

结论： 塔吊的检查不到位，如果真正把检查制度落实，事故是完全可以避免的。

这两个真实的案例，都是日常的检查不到位造成的事故，这也反应了安全检查的重要性。如果塔吊司机有很强的责任心，并不断积累自己的经验，认真扎实地做好塔吊的检查，就能保证塔吊正常稳定地运行。

（中国建筑一局（集团）有限公司三公司　党明岩）

21. 电梯工程施工安全教育

21.1　教育目的

通过安全教育，掌握电梯施工中的安全注意事项。

21.2　教育重点

重申电梯施工安全技术规程及电梯产品特性。

21.3　教育方法

先对施工人员提问，了解他们对电梯施工安全技术规程到底知道多少，再进行教育。

21.4　教育时间

每次去现场巡检时，在库房内，占用工人们午餐前或午餐后30～40分钟时间进行教育。

21.5　预期效果

通过对施工人员提问等形式加深员工对电梯施工安全技术规程的理解和记忆，要求所有施工人员能掌握90％以上的内容。

21.6　教育过程

(1) 各位工友，今天占用大家大约半小时的休息时间，我们把近期安全工作进行一次沟通，希望得到大家的支持，大家有意见吧？

员工回答：没有

(2) 最近工期紧吗？相关方配合到位、及时吗？

员工回答：……

补充：工期再紧也要注意休息，休息好才能工作好。如需要我们管理人员出面协调的事项，请尽早提出，已免耽误工期。

（3）我们是在附近租房住，是步行上班还是乘公交车或骑自行车上班？

员工回答：……

补充：咱们在附近阻房住的工友要注意防火、防盗，保管好自己的财物。乘公交车和骑自行车上班的工友，一定要遵守交通法规，注意交通安全。

（4）是不是都按时拿到了我们的工资？

员工回答：……

补充：如果有须要我们帮助解决的，请大家提出，一定会给大家一个满意的答复。

（5）我们为什么背井离乡来这里？

员工回答：……

补充：说大是为了建设伟大的祖国，建设首都北京，建设绿色奥运。说小是为了我们的生活有所改善，生活幸福，经济富裕。也许有人是为了来看一看首都北京，了解一下外面的世界。

（6）如何才能把祖国建设得更好，我们的收入更高？

员工回答：……

补充：我们只有在保证安全的前提下，赚该赚的那一份钱才能把祖国建设得更好，我们的生活才会有所改善。如果一旦发生事故，大家想想是什么样的结果。整天躺在床上的人没有幸福可言，谁愿意嫁给一个残废的人呢，谁乐意与一个生活不能自理的人度过一生呢，我们背井离乡，不怕脏和累，不就是为了赚钱改变自己和家人的生活吗？我们不要拿生命去冒险，拿生命去开玩笑。

（7）远在千里的家人都期待我们什么？

员工回答：……

补充：每一次当我们离开家的时候，我们的亲人不就开始期待平安的归来，亲人在期待着我们！

（8）这里有两张照片（图 21－1、图 21－2），大家看看他是否安全？都存在哪些隐患？

员工回答：……

补充：从这两张照片上看，不安全。在未安装曳绳前安装补偿链，并直接承重于施工脚手架上，在未安装曳绳前对重框内已安装上对重块，并承重于临时支撑上。有可能发生脚手架坍塌、砸伤等事故。

（9）施工中如何正确安装轿厢、对重框？

员工回答：……

补充：应先采取两种以上独立的方式消除轿厢机械能量。在安装完曳引绳后再安装补偿链。对重框内在未安装曳引绳前严禁安装对重块。安装曳引绳后，在未调试之前对重块的重量应与轿厢重量大至相符。

（10）他们施工中违反了什么？

员工回答：……

补充：严重违反电梯安装操作规程。

（11）什么是操作规程？

员工回答：……

补充：操作规程简单的说就是指我们在操作过程中必须遵守的工艺、规律、程序和注意事项。

（12）你知道电梯安装的工艺流程吗？

员工回答：……

补充：

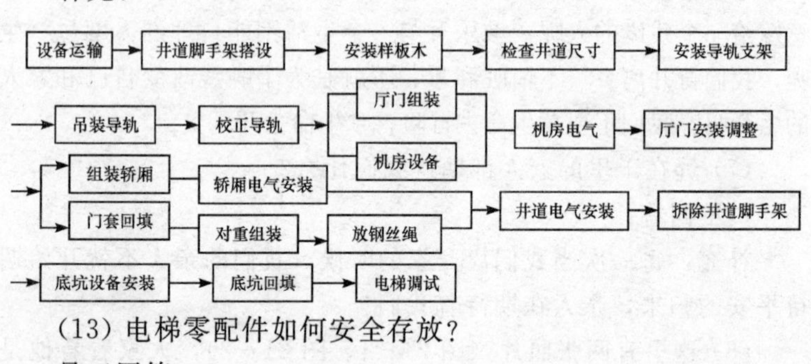

（13）电梯零配件如何安全存放？

员工回答：……

补充：

1）设备开箱时，包装箱应及时清理或码放在指定地点，防止钉子扎脚，妨碍他人工作；

2）设备经开箱清点后及时运入库房，妥善保管，施工时随用随取；

3）重型设备，如曳引机等应垫板存放，导轨应垫好支撑物，防止变形，电气设备应防雨；

4）设备和材料应分明类别码放有序，不得乱堆乱放，易燃品如汽油、油漆、化学试剂等应严格管理；

5）搬运、码放设备或材料时，应注意安全。防止发生人身伤害事故。

（14）你知道样板架与导轨安装中应注意什么？

员工回答：……

补充：

1）井道作业必须系好安全带，穿戴好工作服和防护用品。交叉作业时一定要做好安全防护措施。

2）样板架梁不得用做样板架以外的承载；

3）放样板钢线时临时拴用的重物不宜超过1公斤，并应拴牢，防止脱落伤人；

4）脚手架上不得放置杂物，并随时清理剔下的建筑材料。导轨支架应随装随取，不许大量物品堆放在脚手板上，防止坠落伤人；

5）立导轨前应清理好吊装通道，挂滑车必须有足够的安全系数；

6）立导轨时下方不准有人，操作时应设专人指挥，信号要清晰、规范，操作者分工明确，认真执行指令，严防误操作；

7）当导轨暂时立在脚手板上或是在导轨入位连接时，应缓缓回绳，导轨未固定好时，不得摘下卡具。导轨入槽时操作要稳，防止挤伤；

8）上、下脚手板时注意探头板，防止踩空、碰头事故发生；

9）使用卷扬机、电动工具、常用工具及其他起重器具时，应遵守相应的操作规程。

(15) 对重安装时的注意事项是什么?

员工回答:……

补充:

1) 使用吊链、绳索等起重工具,应仔细检查,安全可靠方能使用;

2) 吊对重框时要缓慢进行,防止晃动伤人;

3) 对重框架放入导轨中未安装好导靴,未垫稳前不可摘下吊钩;

4) 用人工放入对重块时,操作者应配合好,防止挤、压伤手或发生脱落事故;

5) 在未安装曳引绳前,严禁加入对重块。

(16) 轿厢安装如何操作?

员工回答:……

补充:

1) 安装前对轿厢施工的井道内的场地脚手架进行整理、加固,做成铺满脚手板的作业平台,平台必须牢固;

2) 架轿厢用支承物,应具备足够的承载能力。载重量 1000 公斤以下,井道进深不大于 2.3 米时,可选用两根 200 毫米×200 毫米木方或不小于 15 号的槽钢。载重量 3000 公斤以下,井道进深不大于 4 米时,可选用两根 20 号槽钢或 18 号工字钢。如超过上述载重量和进深尺寸,应相应增加支承物的规格尺寸,严禁直接承重于脚手架上;

3) 吊装上梁等重物时,应遵守手动工具的操作规程,起重工具应严格检查;

4) 底盘入位时,应使用手动葫芦,操作时应稳妥,站立位置要适宜,防止挤伤、压伤;

5) 两人或多人抬起重物时,应有人领喊口令,统一行动,防止压伤、挤伤。

(17) 怎么安装厅门?

员工回答：……

补充：

1）安装层门上、下地槛时，如地槛很重，应使用机械起吊，如人工起吊要防止重物伤人；

2）层门联锁装置未安装好或未调整好，不能起安全保护作用时，要采取措施将门封死；在层门外绝对不能扒开；

3）原设立的井道防护门在层门未安装完毕前，不许拆除，防止坠落事故发生。

(18) 你知道曳引机如何安装吗？

员工回答：……

补充：

1）吊钩应为防脱钩式，使用的吊装索具必须具有足够的承载能力，其安全系数应大于4倍；

2）吊装时索具不能直接套挂在如电动机轴、曳引轮轴等曳引机件上；

3）正确的起吊方式是将吊索穿过曳引机底座上的起吊孔进行吊装，也可将辅助吊件穿过曳引机底座的起吊孔，将吊索套在辅助件上进行吊装；

4）起吊时应缓慢平稳地进行，当手动葫芦不能垂直受力时，应特别注意防止索具脱开发生事故；

5）起重操作时要精神集中，由一人统一指挥，起吊工作要一气呵成，不得将曳引机吊停在半空中；

6）正确使用劳动防护用品，防止挤伤、压伤手指。

(19) 电气设备安装必须注意什么？

员工回答：……

补充：

1）保护接地或保护接零应符合要求，零地要始终分开；

2）线槽、金属管路、电气设备的金属外壳应可靠接地，接地电阻不大于4欧姆，绝缘电阻应达到标准；

3）压线鼻子应涮锡，布线合理，编号应准确齐全，线槽内导线排列整齐，直角弯处应垫以橡胶防护；

4）随行电缆的绑扎应符合要求。

（20）如何浇注绳头巴氏合金？

员工回答：……

补充：

1）穿好工作服，戴好防护眼镜、防护手套、口罩；

2）加热用熔锅应干净、无水汽。加热时火焰应对着熔锅的下半部，不要用火焰直接加热于锅内的巴氏合金，以免造成合金氧化；

3）加热过程中，禁止使用带水或凉的金属物搅动巴氏合金，应使用加过热的金属物搅动；

4）熔化过程中，防止水或其他液体掉进熔锅，以免发生水分突然汽化使合金飞溅造成烫伤事故，要防止其他物品掉入锅内造成合金飞溅伤人；

5）浇注前应清除巴氏合金熔体内的杂质或氧化物；

6）在天气寒冷时，浇注前锥套应加热到40～50℃，并一次浇注完成；

7）端锅时应端平、端牢，防止发生遗洒，造成烫伤；

8）注意防火，遵守明火使用有关规定。

（21）脚手架搭设、拆除安全注意事项？

员工回答：……

补充：

1）脚手架的搭、拆必须由有资质的专业人员进行，搭设方法、材料选用应满足使用中的安全要求，应检查确认；

2）脚手架结构形式符合要求，有关尺寸、四周间隙应不影响导轨架、导轨的安装，不影响放线和其他安装工作时的通路；

3）脚步手架的承载能力不得小于250公斤/平方米。安装载重量在3000公斤以下的电梯时，其脚后架可以采用单井字式，安装载重量在3000公斤以上时，其脚后架须采用双井字式；

4）在顶层高度内架设脚手架，与顶层楼板距离不得大于300

毫米，应采用短立杆，以便在安装轿厢时拆除；

5）脚手架横杆的间距应小于1.5米；

6）钢管应可靠接地，接地电阻应小于4欧姆；

7）拆除时应按顺序操作，从上至下，先拆除架管，后拆除连墙件，材料应从每层厅门处搬运，严禁向下抛掷，以防损坏电梯。

（22）电梯调试中应注意什么？

员工回答：……

补充：

1）电梯调试应由电梯生产厂家或根据生产厂家的要求进行调试；

2）井道内脚手架全部拆除，井道壁无阻碍运行的异物，如：钢筋、钢丝、角钢等；

3）井道、地坑垃圾全部清理干净，护栏、护板不妨碍电梯运行；

4）轿顶、轿内、对重、层门等部位全部清洁、擦拭干净；

5）电气线路和电气原件无短路、接地现象，测量接地电阻符合要求；

6）在手动盘车状态下，机械部分动作、运转正常；

7）电气线路接线正确、无误，送电后测量各电压值符合要求；

8）各种机械安全装置、安全回路必须安装完毕，并保证其功能有效。

结论：

通过这次与施工人员的沟通，加深了员工对电梯安装安全技术规程的理解和记忆。树立了良好的安全意识，提高严格按电梯安装安全操作规程操作的必要性。

图21-1中隐患：违反电梯安装操作规程，在未安装曳绳前安装完补偿链，并直接承重于施工脚手架上。

正确：应采取两种以上独立的方式消除轿厢机械能量。先安装完曳引绳后再安装补偿链。

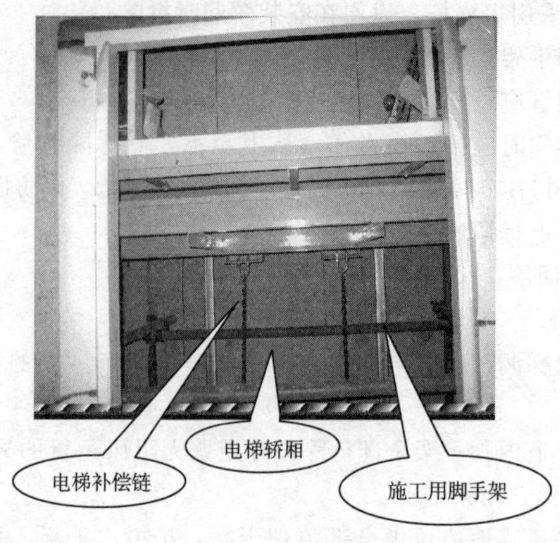

图 21-1　照片 1

图 21-2 中隐患：违反电梯安装操作规程，在未安装曳绳前对重框内已安装上对重块，并承重于临时支撑上。

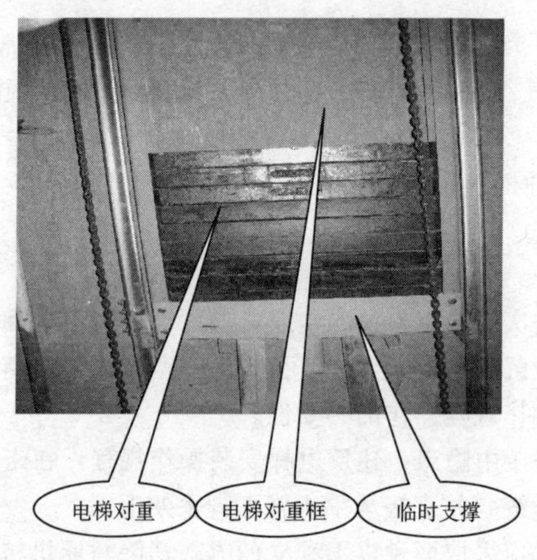

图 21-2　照片 2

正确：对重框内在未安装曳引绳前严禁安装对重块。

（中国建筑一局（集团）有限公司建设发展公司　姚必忠）

22. 机械安全教育

22.1　教育目的

通过讲解施工现场一些中、小型机械设备存在的安全隐患和正确做法，以及事故案例分析，使操作人员熟悉加工机械存在的危险性，克服侥幸心理，从而提高机械操作人员的安全生产意识，正确理解安全施工的重要性。

22.2　教育重点

1. 施工现场加工机械存在的安全隐患和造成机械伤害的原因；

2. 现场一些中、小型设备操作的正确做法。

22.3　教育方法

现场讲解及幻灯片演示。

22.4　教育时间

30～40 分钟。

22.5　预期效果

1. 通过教育使操作人员了解施工现场机械设备可能存在的安全隐患；

2. 通过教育使操作人员提高责任心和安全意识，加强自我保护意识。

22.6　教育过程

(1) 首先向施工人员介绍建筑行业最易发生的“五大伤害”事故（幻灯演示）

如图 22－1。

1) 高处坠落（简要描述）；

2) 触电事故（简要描述）；

3) 物体打击（简要描述）；

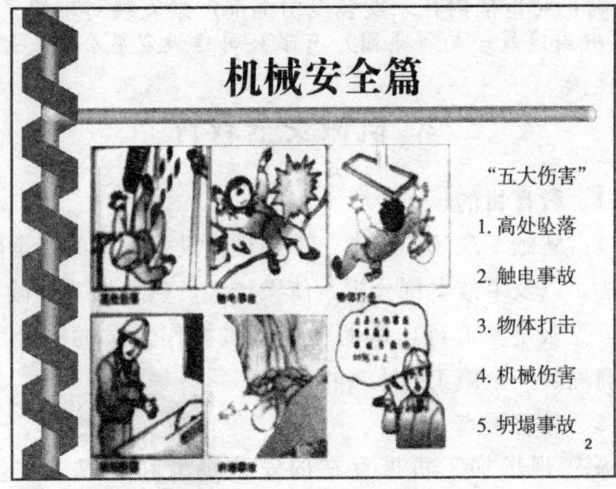

图 22－1　机械安全（一）

4）坍塌事故（简要描述）；

5）机械伤害（重点描述，引出本次课要讲的主要内容是施工现场机械伤害产生的原因和中、小型机械操作的正确做法）。

（2）讲述机械伤害及其产生的原因

1）施工现场使用的机械设备主要有哪些？（可采取提问方式）

现场设备可归纳为木工加工机械、钢筋加工机械、电气焊设备、起重机械等等。

2）机械设备造成的伤害主要有哪些？（可采取提问方式）

挤压、切割、吸入或卷入、冲击、电击、倒塌等等。

3）造成机械伤害的主要原因：

a. 机械防护、保险、信号等装置缺乏或有缺陷；

b. 设备、设施、工具附件有缺陷；

c. 个人防护用品、用具佩戴不齐全或佩戴错误；

d. 现场环境不良；

e. 生产工序安排不合理，交叉作业多；

f. 操作者的不安全行为（违章作业）。

（3）讲述施工现场一些中、小型机械存在的隐患及正确做法

(使用幻灯演示)

如图 22－1～图 22－6。

1) 平刨无护手器、靠山，切断机防护罩损坏。正确做法：加装防护装置。

图 22－2　机械安全（二）

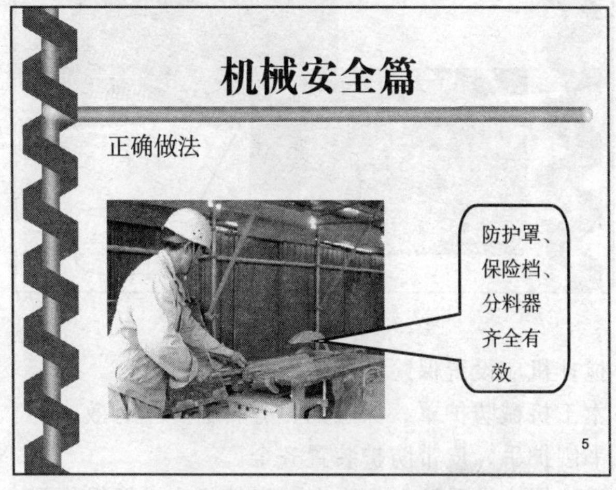

图 22－3　机械安全（三）

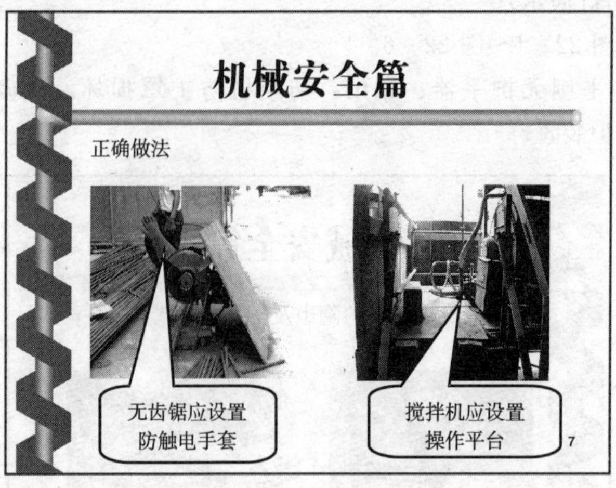

图 22-4 机械安全（四）

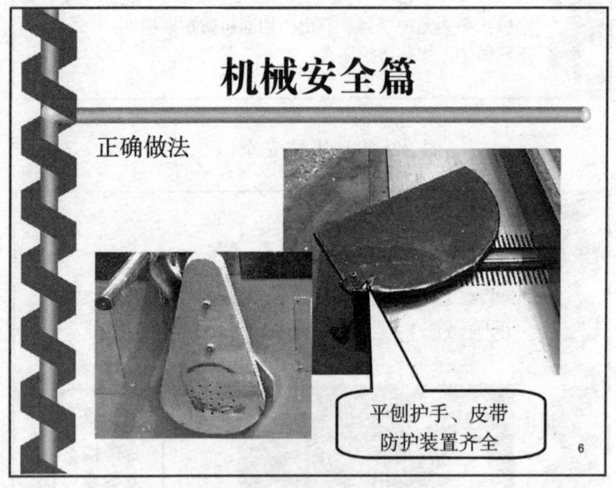

图 22-5 机械安全（五）

2）搅拌机应设置保险装置。

3）木工机械防护罩、保险档、分料器齐全有效。

4）平刨护手、皮带防护装置齐全。

5）无齿锯应设置防触电手套；搅拌机应设置操作平台。

（4）违章作业是安全生产的大敌，十起事故，九起违章（使

图 22-6　机械安全（六）

用幻灯演示讲解事故案例）

下面通过案例介绍几个由于违章作业造成的机械伤害事故，再次给大家敲一下警钟。

案例 1：钢筋加工设备切断手指事故，如图 22-7。

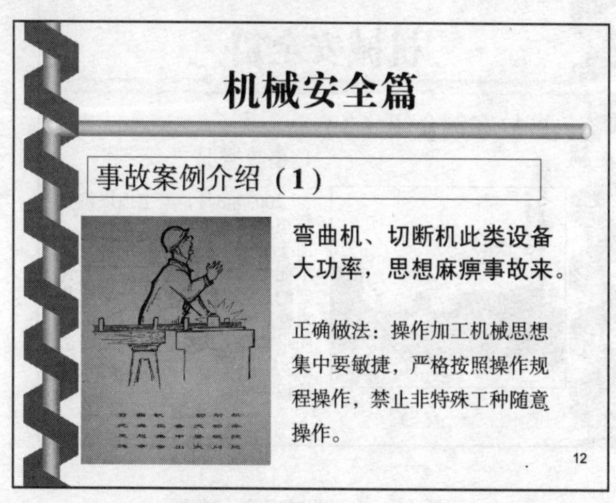

图 22-7　机械安全（七）

案例 2：打夯机作业发生触电事故，如图 22－8。

机械安全篇

事故案例介绍（2）

2004年9月26日，由某公司施工的某单位1号住宅楼基础处理工程，发生高压触电事故。职工周某等3人在基坑内移动水泥土桩打夯机过程中，打夯机上部的锤杆与穿越在施工面上方的高压线相连，导致周某触电身亡。

操作蛙式打夯机，要遵守操作规程，需两人操作时，前后配合要好，并正确使用安全防护用具。

13

图 22－8　机械安全（八）

案例 3：塔吊顶升倒塌事故，如图 22－9～图 22－11。

图 22－9　机械安全（九）

机械安全篇

2 原因分析

左图是塔机回转部分坠落后的照片，在事故现场，地面没有发现连接螺栓(包括破断的螺栓)。可以判断，事故发生时，回转支承与顶升套架没有任何连接，与标准节仅在A角有1个螺栓连接。由于起重臂坠落过程中冲击力的作用将套架连接套撕裂，形成图示后果，后经调查得知，为了抢时间，在一部分人升套架的同时，另一部分人又违章松开标准节与回转下支座的螺栓，由于相互间没有沟通，在套架还没有与回转下支座作任何连接的情况下，标准节与回转下支座连接的8个螺栓已拆卸了7个，由于空载时塔机承受平衡臂方向的后倾弯矩，导致塔机回转以上部分全部向平衡臂方向坠落地面。

图 22－10　机械安全（十）

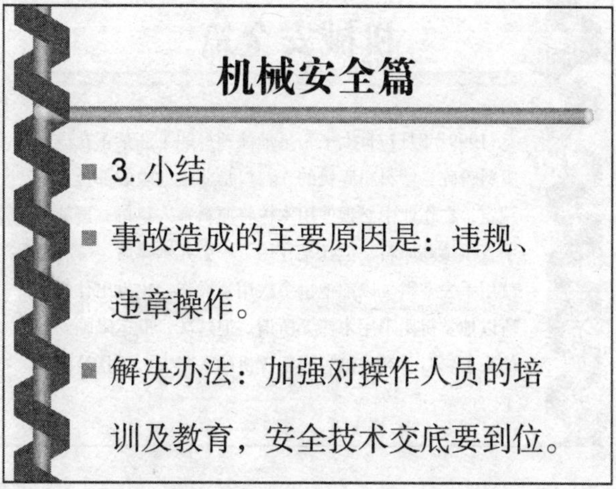

机械安全篇

- 3. 小结
- 事故造成的主要原因是：违规、违章操作。
- 解决办法：加强对操作人员的培训及教育，安全技术交底要到位。

图 22－11　机械安全（十一）

案例 4： 粉碎机绞断手指事故，如图 22－12，图 22－13。

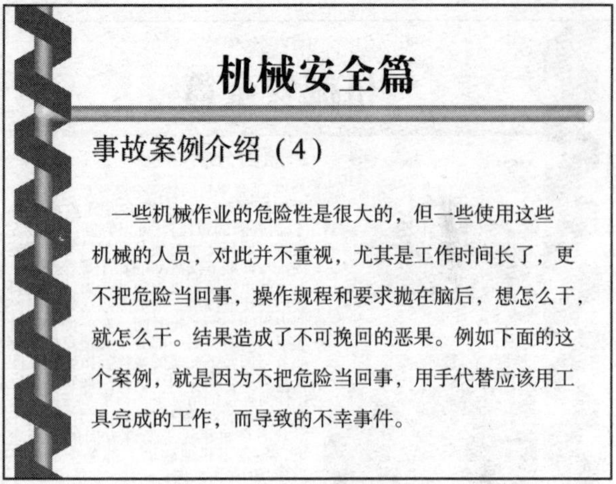

事故案例介绍（4）

一些机械作业的危险性是很大的，但一些使用这些机械的人员，对此并不重视，尤其是工作时间长了，更不把危险当回事，操作规程和要求抛在脑后，想怎么干，就怎么干。结果造成了不可挽回的恶果。例如下面的这个案例，就是因为不把危险当回事，用手代替应该用工具完成的工作，而导致的不幸事件。

图 22－12　机械安全（十二）

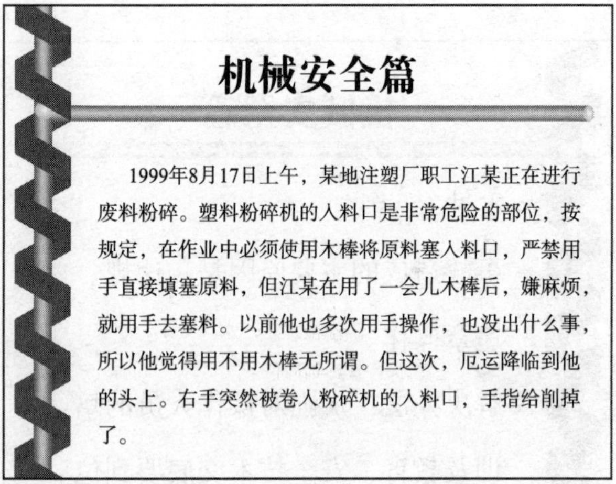

机械安全篇

1999年8月17日上午，某地注塑厂职工江某正在进行废料粉碎。塑料粉碎机的入料口是非常危险的部位，按规定，在作业中必须使用木棒将原料塞入料口，严禁用手直接填塞原料，但江某在用了一会儿木棒后，嫌麻烦，就用手去塞料。以前他也多次用手操作，也没出什么事，所以他觉得用不用木棒无所谓。但这次，厄运降临到他的头上。右手突然被卷入粉碎机的入料口，手指给削掉了。

图 22－13　机械安全（十三）

（5）小结

国家和企业对安全工作非常重视，采取各种各样的安全技术措施来减少和避免生产安全事故，但机械事故仍不断发生，主要原因还是由于一些操作人员的安全意识薄弱及其违章作业。只有提高大家的安全意识，吸取先前事故的经验教训，才能避免或杜绝安全事故的发生，真正做到防患于未然。

这次课所讲的只是施工现场机械安全的一些注意事项，请各位机械操作人员回去后认真学习岗位安全操作规程和安全技术交底，并在工作中严格遵照执行，从我做起，杜绝违章，消除隐患，实现安全生产。

(6) 结束语

最后讲几句顺口溜，也算是对各位的忠告，如图 22－14、图 22－15。

1）检修转机先停电，风水气门关闭严，做好措施设遮拦，遵守工艺细修检。

2）检修结束要试转，轴向位置要站远，事故按钮记在心，转速稳定再测振。

3）异常振动或冒烟，事故按钮紧急按，保全设备人安全，查清原因再试转。

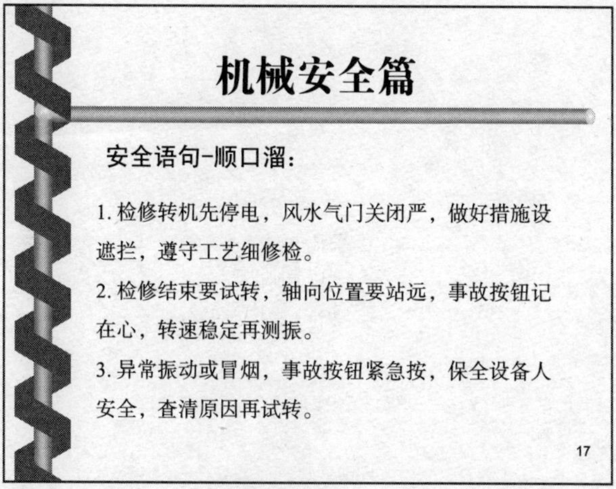

图 22－14　机械安全（十四）

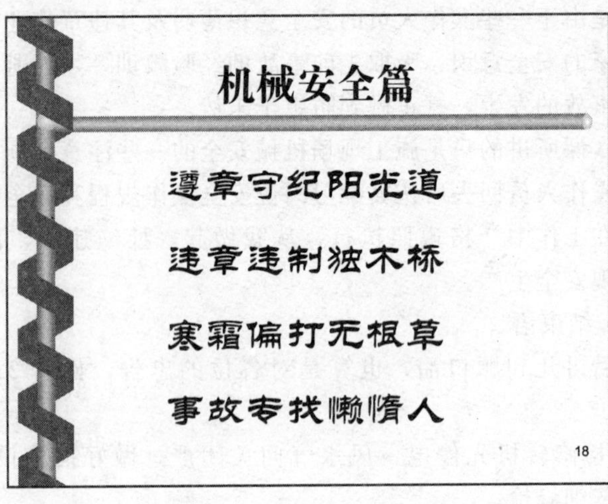

图 22-15　机械安全（十五）

遵章守纪阳光道，违章违制独木桥，寒霜偏打无根草，事故专找懒惰人。

（中国建筑一局（集团）有限公司华江建设有限公司　闫志国）

五　其他安全教育

23. 施工现场应急与救护知识

23.1　教育目的

如果施工现场发生了生产安全事故，操作人员了解紧急救助知识和技能知识，避免在救护过程中造成的二次伤害。

23.2　教育难点

操作人员对发生事故后，如何抢救伤员，应该采取怎样的应急措施和进行救护。在讲解过程中必须用通俗易懂的、深入浅出的语言进行，还可以通过演习的方式进行，增强操作人员救护知识、达到教育培训的目的。

23.3　教育方法

通过周一活动、图片及影视、应急演练等形式宣讲应急救援、救护知识。

23.4　教育时间

45分钟。

23.5　教育过程

在教育过程中，采取提问的形式进行。具体内容如下：

我们在施工现场工作时，避免不了发生意外伤亡和伤害事故，不小心割破了手或发生骨折、触电等，需要冷静、及时处理，减轻伤者的痛苦，正确的应急处置非常重要，因此，我们每人要学会应对意外伤害的紧急救助知识和技能知识。

在建筑施工现场中，高处坠落、物体打击容易造成骨折，头部、胸部受伤、大出血。

机械伤害容易造成手脚割伤、刺伤、碰伤。

触电容易造成死亡。

坍塌容易造成骨折、中毒等事故。

下面介绍施工现场发生伤害事故后，应采取的应急救护措施：

(1) 应急措施

在施工现场发生伤亡事故时（图 23－1、图 23－2）：

1）组织抢救受伤人员。

2）保护事故现场不被破坏。

3）及时向领导报告。

4）拨打急救电话 120 或 999，说明确切位置及附近的明显标志，留下电话号码和姓名，并派人到明显的地方等候救护车。

图 23－1　发生事故时（一）

5）抢救伤员时：

a. 首先判断此人有无意识。无意识时必须呼救并实施急救措施。

b. 有无呼吸：若呼吸停止，必须马上进行人工呼吸。

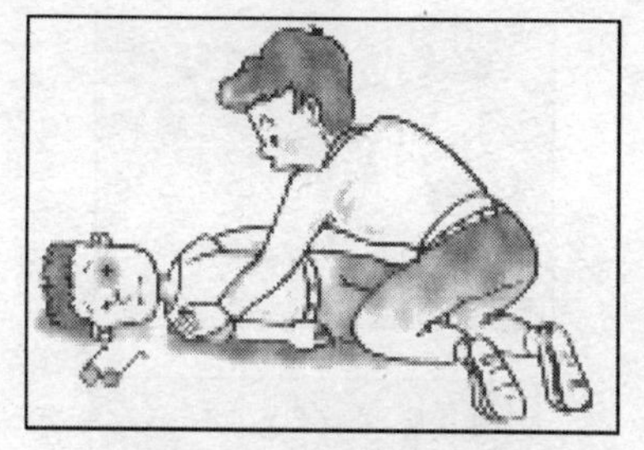

图 23 - 2　发生事故时（二）

c. 有无脉搏：若感觉不到脉搏时，需立即进行胸外心脏按压。

d. 看是否大出血：若大出血，立即止血。

（2）救护措施：

1）止血（图 23 - 3）

a. 如果是一般出血，将伤口脏污用水冲洗干净，压住伤口，用干净的手绢或布包扎，并将伤口抬高。

b. 如止血不住时，应用手指压住离心脏更近部位的动脉血管并进行包扎。

（a）胳膊出血，用 4 个手指掐住上臂的肌肉并压向臂骨。

（b）大腿出血：用手掌根部压住大腿中央稍微偏上点的内侧。

（c）手部出血：用 3 个手指压住靠近大拇指根部的地方。

2）包扎（图 23 - 4）

伤口很容易被细菌感染，处理不好，造成二次伤害感染，必

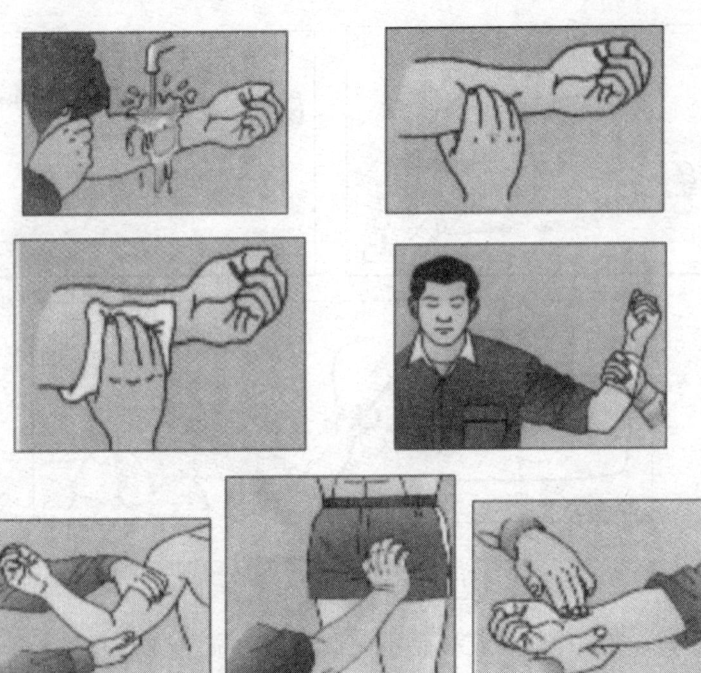

图 23-3　发生事故时（三）

须现场包扎。

由于施工现场条件有限，可将衬衫、领带、袜子、手绢等物品做为绷带使用，进行包扎。

骨折时，可因地制宜使用木板、木棍、树枝等物品做固定物，进行包扎。

3）骨折、固定、搬运（图 23-5、图 23-6）

发生高处坠落、物体打击时，造成骨折伤害。

a. 搬运过程中，要使用固定的平板或担架进行搬运，可以自制担架如：用衬衣、木棍、木板等材料，千万不能搂抱、背着、窝着受伤者，因为断骨处对伤者的身体易造成二次受伤。

b. 特别要注意的是，脊椎骨折，不要弯曲、扭动伤者的颈

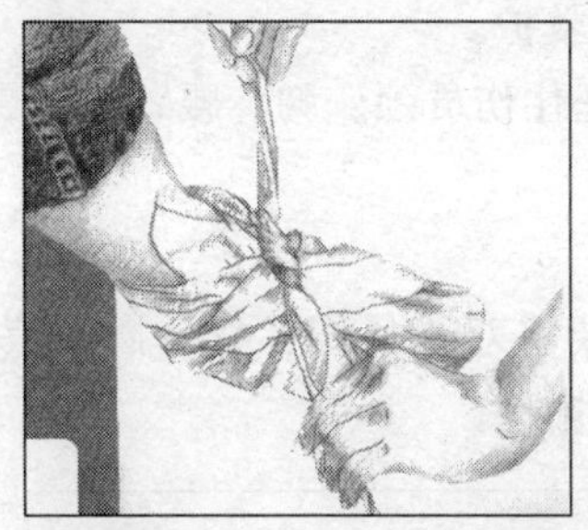
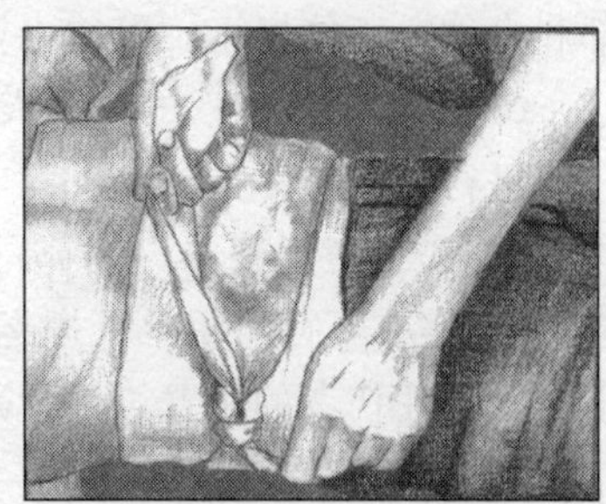
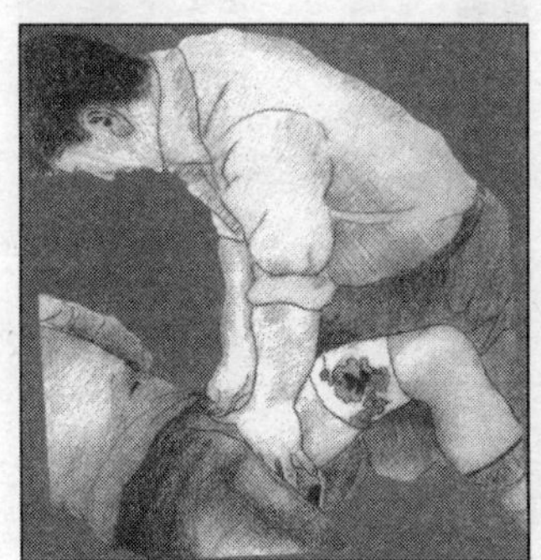

图 23-4　发生事故时（四）

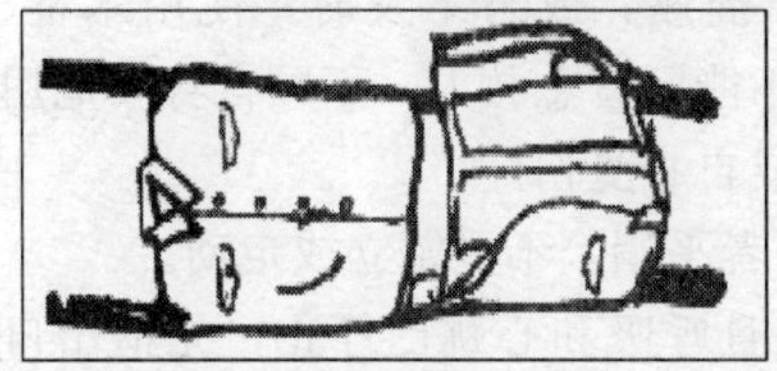

图 23-5　发生事故时（五）

部和身体，不能搬运，等待专业人员救护。

c. 多人平托法——几个人分别托住伤员颈、胸、腰、腿部、一起进行

d. 担架搬运法

e. 实在不行，用单人搬运法：要将双臂从伤者身后插入腋下，紧握住伤者的手臂，尽量平衡地搬运。

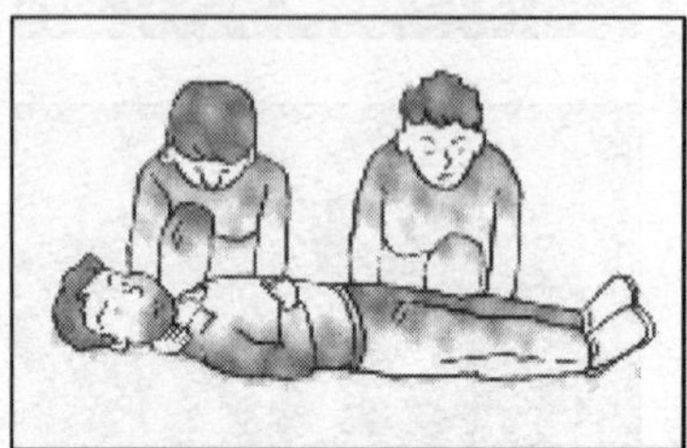

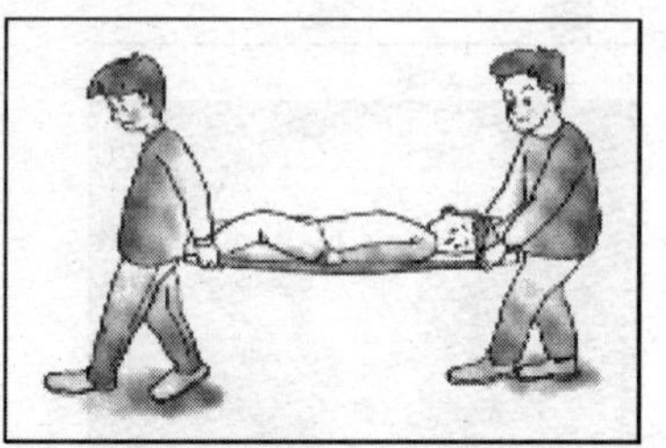

图 23-6 发生事故时（六）

4）触电（图 23-7、图 23-8）

在施工现场如果发生触电。

a. 首先是切断电源、拔掉插座，或来不及时，使用木棍、板等绝缘工具挑开电线，千万不能因着急救人，不顾自身安危用手去拔电线或直接去救人，造成自身受伤。

b. 切断电源后，尽量使伤者平躺，不要站立或走动。

c. 如果伤者失去意识，并且呼吸和心跳已停止，先抠出口腔内的脏污。

d. 然后立即采用口对口人工呼吸和胸外心脏按压法。

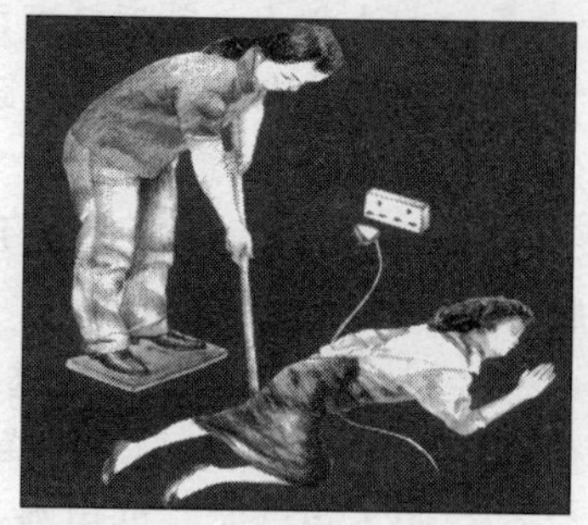

图 23-7　发生事故时（七）

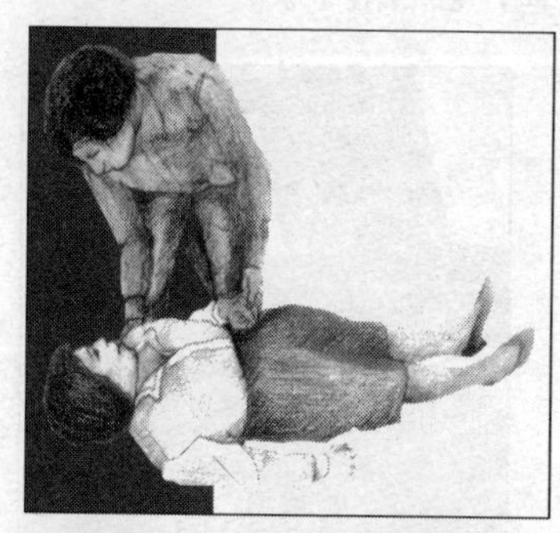

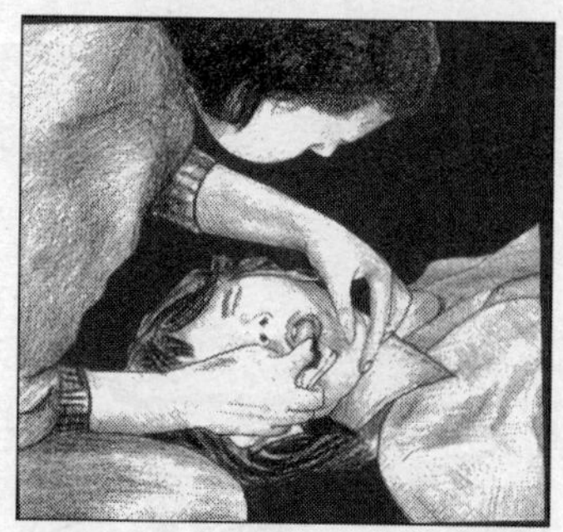

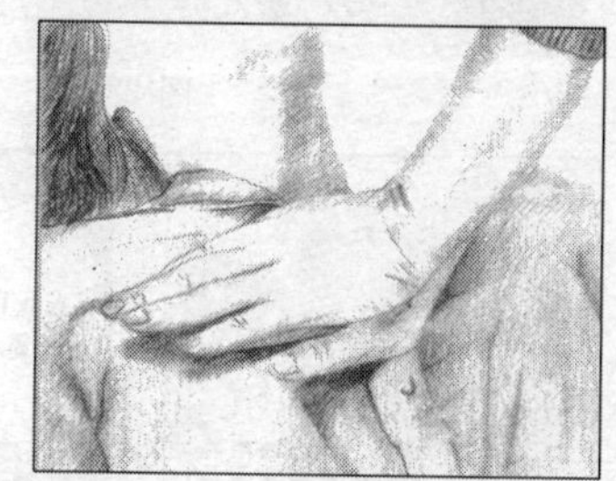

图 23-8　发生事故时（八）

5）火灾自救（图 23-9、图 23-10）

a. 发生火灾时，首先打电话 119 报警，讲清着火的地点，冷静回答提问。

b. 身上着火，就近打滚，或用厚重衣物覆盖压灭火苗。

c. 火灾袭来时，要迅速疏散逃生，不要乱窜和使用电梯逃生，要顺着安全通道走。

d. 逃生有浓烟时，尽量用浸湿的衣物披裹身体，捂住口鼻爬着或贴近地面走。

e. 大火把门封住无法逃生时，关闭门窗，用浸湿的衣物、被褥等物品堵塞门缝，泼水降温，呼救等待救援。

f. 迫不得已时，可用绳子或床单撕开连接，栓在牢固处，顺其下到安全楼层或地面。在二楼时可跳楼逃生，但先向地面仍柔软物，手扒窗台或阳台，身体下垂，自然落下。

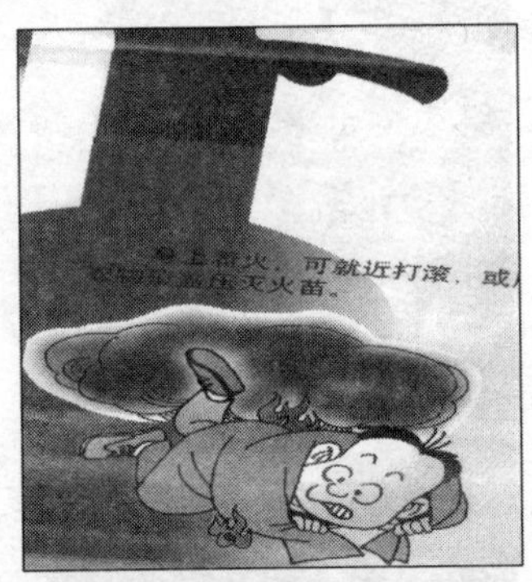

图 23－9　发生事故时（九）

图 23－10　发生事故时（十）

6）烧（烫）伤（图 23－11）

火灾发生，人体被烧伤如果是：

a. 一般烧伤：去掉不在受伤部位的任何紧身衣服，以最快的速度用冷水冲洗受伤部位，直到伤口不感到疼痛和灼热。用干净的布包好，去医院就诊。

b. 大面积烧伤：可用衣物、床单浸湿，尽快进行冷敷，同时呼救护车急救。

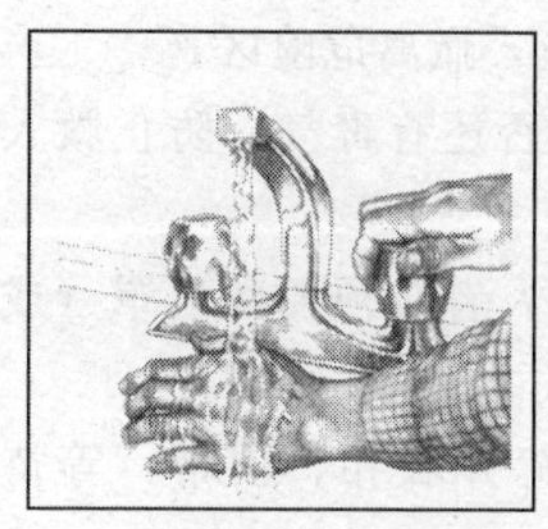
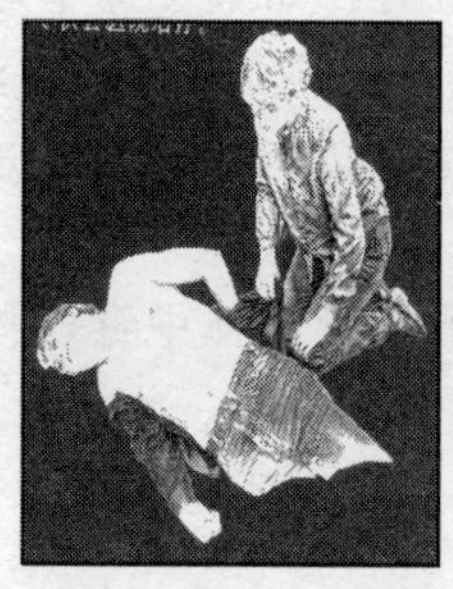
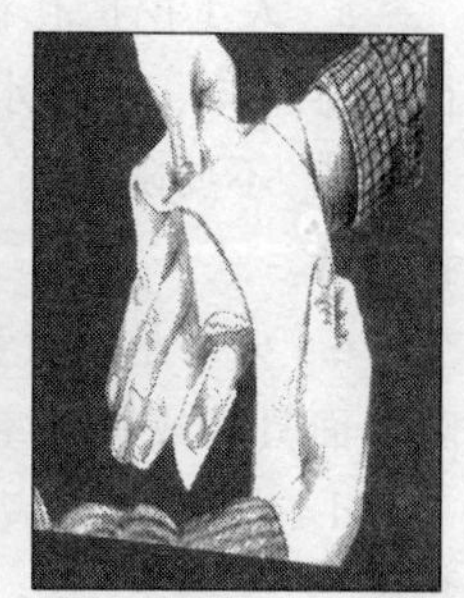

图 23－11　发生事故时（十一）

7）手指或手脚切断（图 23－12）

由于在机械施工操作时，手指被切断的事故是经常发生的。急救措施是：

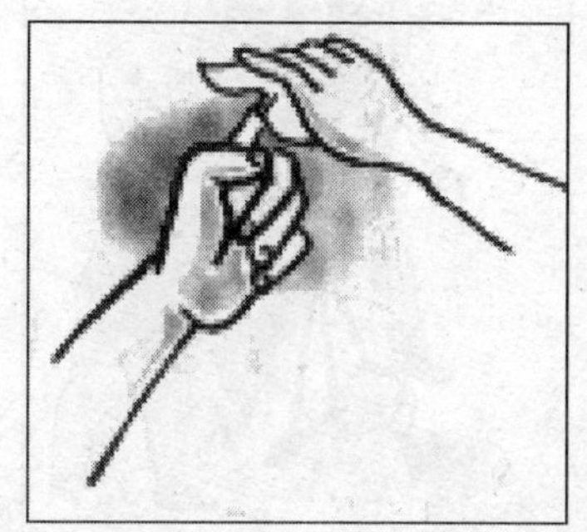

图 23－12　发生事故时（十二）

a. 用纱布或干净的手绢直接按在伤口上，进行止血，呼叫救护车。

b. 断指或断手脚要用纱布包好放在塑料袋里（不要清洗和处理），最好将塑料袋放在另一个装有水袋的塑料袋中。

c. 然后将装有断指或手脚的塑料袋随伤者一并送往医院，进行修复手术。

8）中毒（图 23－13、图 23－14）

a. 人工挖扩孔桩时，如果支撑不好，造成坍塌，还可能存在有毒气体、地下水，必须立即停止作业，撤离危险区。

b. 不要随意下去救人，查清孔洞是否还有毒气，防止救人者中毒。

c. 如果是煤气和化学气体中毒，救人者必须要戴口罩（或防毒面具）或确认室内无毒时，才能救人。

d. 救出中毒者后，置于通风处，解开衣扣、腰带，等待救援。

e. 禁止吃未煮熟的扁豆和食用工业用盐等食品，防止食物中毒。

图 23－13　发生事故时（十三）

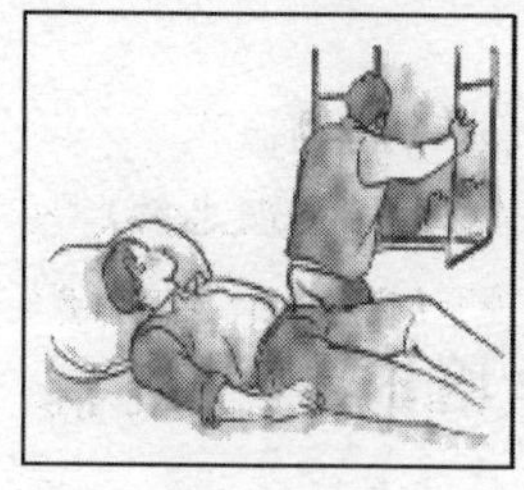
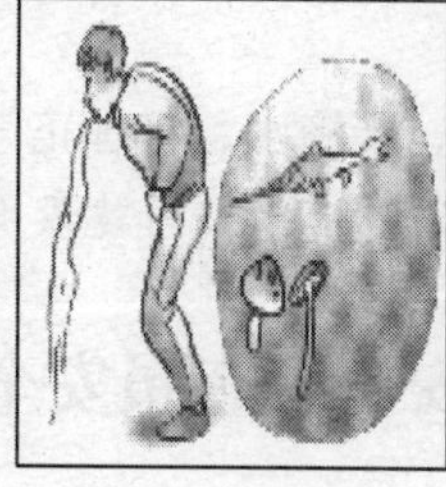
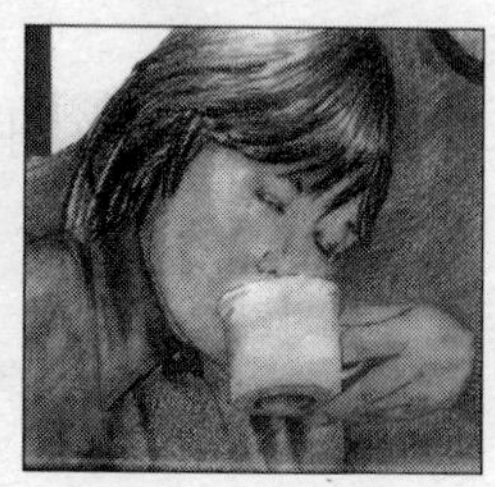

图 23－14　发生事故时（十四）

9）刺伤（图 23－15）

在现场施工，容易被钢筋、钉子等物品刺伤，伤口内部的伤害要比外表受伤的更大。深处受伤，由于细菌感染可能会引起败血症和破伤风。所以，要充分消毒。

a. 铁钉等尖锐物刺入肌肤：将铁钉拔出后，进行消毒；在伤口处盖上纱布或干净的手绢；以防化脓或感染破伤风。

b. 有钢筋或木棍等锐利器械刺入胸部时，绝对不能拔出，

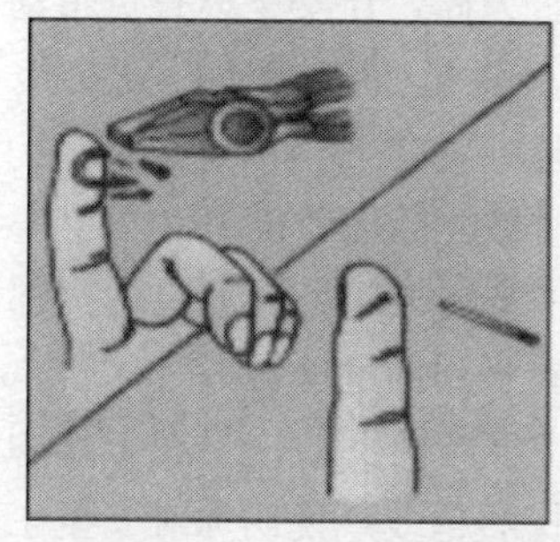
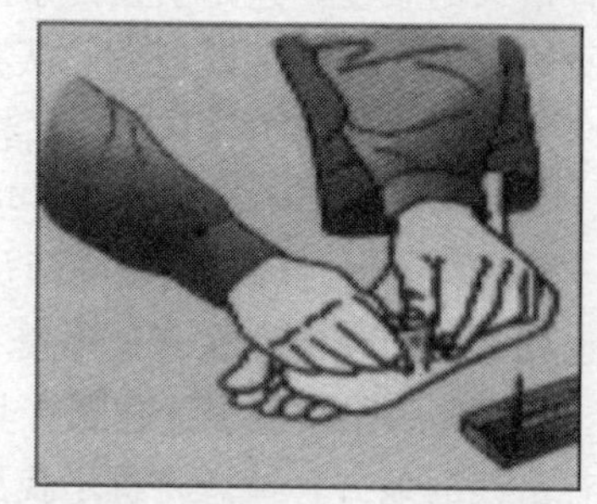

图 23－15　发生事故时（十五）

以免大出血，使伤情进一步恶化，可以用毛巾固定住刺入物，等待救援。

10）中暑

在夏天施工作业时，因高温潮湿的天气或者工作环境温度过高造成昏迷，采取以下措施。

a. 将中暑者抬到凉爽的地方，解开衣扣，皮带等，用浸水的毛巾擦身，多喝凉开水或淡盐水，有条件的用电风扇进行降温。

b. 也可服用仁丹、十滴水、霍香正气水等药物。

（中国建筑一局（集团）有限公司建设发展公司　颜忠敏）

24. 安全巡查员安全培训

24.1　教育目的

主要是通过安全教育培训，让外协人员知道自己应该怎样才能更好地掌握自己的命运，不仅会干活，还能做些有易于社会的服务工作，为更好地让人们在安全状态下进行施工作业，查隐患，纠违章，减少悲剧发生。

24.2　教育重点

此次教育重点是各外协队选拔的安全巡查员。现在，偏远山区的人们开始走向城市，这些人员文化程度参差不齐成为安全教育最大的难度，违章引发的事故较多。为此，让安全巡查员带动身边的人，远离危险地方，从我做起。

24.3　教育方法（互动式教育培训）

（1）采取集中培训或分各项目经理部进行培训；

（2）培训时可采用引导学员认知建筑施工现场的危险性（那也就是施工现场存在着让你摸不着、看不到的危险源）；

（3）用“找桩子”趣味有奖游戏让学员找出的桩子在工作中有错误的地方，请您将桩子找出来，找的越多，说明你对安全工作的重视程度越高，也有很强的理解能力，识别能力。

附图：见图 24－1。

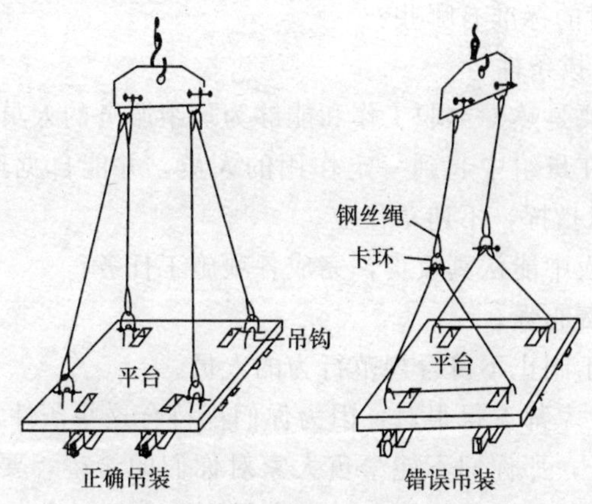

图 24－1　吊装示意图

（4）也可利用言传身教的做法，教育学员怎样当好安全巡查员。

24.4　教育时间

30～40 分钟。

24.5　预期效果

（1）通过相互学习，使学员认识到“安全就在我心中”，也就是，每一次检查能给兄弟们带来的安全感，那功劳将是功不可没的。

（2）通过培训教育能使学员在工作中规范自己的行为，并能掌握一些防范知识，对可能发生事故的防范意识。

（3）通过学习使广大的安全巡查员真正地认识到只有安全了，才能平安幸福。

24.6　教育过程

今天由我和大家一起来学习、讨论，建筑行业存在危险的潜在性，也就是说说我们身边的陷阱，那我们怎样把这些危险降低到最小，那就靠我们大家努力，把隐患消灭在萌芽之中，那么安全巡查员工作就好比是建筑施工现场的警察，发现隐患，及时纠正违章，不能让悲剧发生，各位都是从各施工队中选出来的佼佼者，都有一定很好的素质，那请问：那位师傅知道我们在选拔安全巡查员时的标准有哪些？

(1) 选拔条件

1) 主要是热爱本职工作和能够为班组服务的人员。

2) 能在班组中起到一定作用的人员，并能自觉遵守劳动纪律，不违章指挥，不违章作业。

3) 工人中能认真负责，完成各项施工任务。

4) 负责心强。

5) 敢于制止不符合规范行为的人员。

刚才大家都说得很对，因为你们都符合这些条件才让你们负起这份责任，那你们不能辜负大家对你们的希望，要努力工作，还有哪位师傅知道建筑施工现场有哪些危险存在呢？

(2) 危险源的存在

1) 特殊环境（工作周围环境差）。

2) 特殊作业（架子工、信号工、焊工、电工、塔吊司机等小型机械）。

3) 人的不安全行为（个人的违章）。

4) 物的不安全状态（物品本身存在的危险）。

5) 承包人偷工减料（缩短工期，让工人连续作业）。

从不同角度找到存在的危险，那么怎样才能很好地在施工现场发挥我们的聪明才智，及时发现隐患，纠正违章现象，减少事故的出现，让在家里等我们的人放心、安心。

下面给大家讲几个案例：

案例 1：1995 年某一个建筑施工现场发生了一起搅拌机把人搅进去的安全事故。

经过：此人是搅拌机的操作工人，原来当天不是他的工作日，但是他没有很好地在宿舍休息，出来遛达就来到了他作业的地方，因为不是他当班，所以穿戴很随便，上穿背心，下穿短裤，脚穿拖鞋，当时他是看到其他操作人员工作不如他干得流利，就上前帮忙，但是没有想到危险就在脚下，踩空了搅拌机上方的盖板，此时悲剧发生了，他从搅拌机上掉了下来，一个活生生的事故出现在了面前。

在座的各位安全巡查员同志一起来分析一下这起事故。

a. 个人违章（不是当班时间，不能到工地）。

b. 违反劳动纪律（不能穿拖鞋上班，要穿戴整齐）。

c. 设备本身有隐患（搅拌机的盖板松动无人管理）。

d. 出事之前应有人制止（危险部位要有安全巡查员巡查）。

刚才大家分析得很透彻，也就是说提前预防是关键，如果施工现场有安全巡查员巡视的话，提醒操作者穿戴不整齐不能到工地，机务人员要是经常检修设备的话，也不至于发生这起机械伤害事故。

案例 2：1998 年 10 月 17 日发生了一起重大的伤亡事故，造成 3 死 1 重伤，主要是提升电梯井筒模板的操作平台，4 人在 11 层登上平台，拴挂完钢丝绳后，站在上面的信号工（此人特种作业证件是伪造的），指挥塔吊连人带平台一起提升，由于工人只用了两根钢丝绳两两串吊平台四个吊环，使平台处于不稳定状态，平台因受力不均，不能水平到位，平台吊到 12 层时，北侧两个底角支撑销就位，南侧两个底角支撑销未能就位，经过第二次调整后，南侧两个销子仍未就位，这时上面的一个工人也登上平台，用钢管去撬平台两侧边缘，在撬动中平台倾斜，工人李某用胳膊夹住平台沿没有坠落，被后来赶来的抢救人员救起，由于电梯井无防护网，工人翟某坠落至六层，被未拆净的防护板接住，造成重伤，其他三名工人坠落到地下一层，（坠落高度 46.82 米）2 人当场死亡，一人送往医院后抢救无效死亡。

上述事故是惨痛的，我们一起来分析一下这起不应该发生的事故，这起事故能带给我们什么样启发？

a. 现场安全管理混乱；

b. 违章指挥、违章作业；

c. 电梯井属于危险作业；

d. 违反操作规程；

e. 电梯井没有做到层层有防护；

f. 电梯井不能作为垃圾通道使用；

g. 平台上不能站人，没有安全主绳；

h. 工长安排工作不合理；

i. 危险作业地点没有安全巡查员监督；

j. 持伪造的操作证件；

k. 技术方案不明确；

l. 平台是多大的吨位不清楚。

小结：从这个事故我们设想一下，这么多的隐患存在，现场的安全管理是混乱的，工人也缺乏对专业技术的了解，一个小小平台站上 5 个人，每个人的体重就是以超出平台的本身重量，再有我们能多掌握一些知识，哪怕这时有人多说一句话，或者都能履行安全责任，监督检查到位，悲剧都能免除，也就是说建筑行业是一个潜在的高危行业，有些特种作业人员的证件也是伪造的，包工头为了省几个培训钱，就不顾一切，俗话说：丢了西瓜，捡了芝麻，但这个包工头是丢了芝麻，捡了一个大的西瓜是“负债”。从中我们能看出只为了挣钱，不顾安全的存在，说明我们没有这种安全意识，跟在家乡不一样，广阔的天地，任你出入自由，城市是高楼大厦，靠我们一砖一瓦的盖起来，所以说建筑行业，是智慧人的设计，是劳动人民的辛苦和荣誉，提到荣誉我给大家讲一个身边的故事。

那么我们在施工中安全巡查员怎样才能更好发挥自己的作用，及时发现隐患，纠正违章，减少事故的出现呢？

要求：

1）作为一名安全巡查员要有责任心，要有对工作认真的态度。

2）积极宣传贯彻上级指示精神及有关安全生产的法律法规。

3）巡查自己班组和其他班组的违章和隐患，发现违章和隐患必须及时纠正，如遇到无法解决的事情应马上报告到相关部门。

4）巡查本班组劳动保护用品，正确使用的落实及检查工作。

5）随时应对本班组的临时用电及中小型机具的使用情况进行全面检查。

6）对危险作业、危险环境，如电梯井口、预留洞口、楼梯口、出入口及建筑物临边作业，外用电梯防护以及吊篮安全主绳的使用，进行施工前的巡检和预防。

7）对在夜间施工的班组，各单位安全巡查员必须及时到作业点巡视。

8）节假日及季节性的安全巡视不能放松要求。

上面 8 项工作内容是要求我们每一位安全巡查员必须要做的，我们不能只会做巡查工作，还要做好相关的检查记录，为确定和采取纠正预防措施提供一个可靠的信息平台，因此做好安全检查记录，也是体现安全巡查员对待工作的态度。

既然我们已经是一名安全巡查员了，在工作中就要严格要求自己，处处要以身作则，不能穿着安全巡查员服装，做些与安全巡查工作无关事情，所以公司还要分阶段性的对安全巡查员进行考核。

标准：

1）是否是一名合格的安全巡查员。

2）是否每天坚持在施工现场内进行巡查，对违章和隐患敢于制止和处理。

3）是否对其他班组严格要求，放松对班组的管理。

4）是否对违章作业人员进行宣传教育。

5）是否能正确使用手中的权限。

6）是否能坚持做好巡查记录。

上述 6 项内容是对安全巡查员进行考评的标准，请各位安全巡查员认真学习，充分发挥安全巡查员的作用，安全巡查员工作是很光荣的一份工作，能及时纠正违章作业，查出隐患的存在，给工人兄弟们多一份安全，减少一份伤害，是我们的荣誉。让工人们“高高兴兴上班来，平平安安回家去”也是我们所要看到的，需要的，不能让我们的辛苦，付出东流。

结论:

通过对安全巡查员的培训教育，更主要的是让我们每一位安全巡查员在工作中充分发挥我们的聪明才智，从我做起，带动身边的每一个人，认真执行各项管理制度，加强自我保护意识，做到不伤害自己，不伤害他人，也不被他人伤害，工作中不违章指挥，不违章作业，不违反劳动纪律，每日工作完毕后要做到工完场清，不留隐患，让工人们应清楚地认识到麻痹是事故的根源，违章是丧生的起点。

（中国建筑一局（集团）有限公司五公司　马艳敏）

25. 安全月（周）教育活动

25.1　教育目的

使施工人员明白，安全月（周）活动是安全生产管理工作持续过程中的一个重要管理阶段，此时开展专项活动其主要目的是因为工程项目的安全生产工作面临一个特殊时段。因此，开展安全月（周）活动的目的是在各施工企业、各项目工程中利用不同形式对现场安全工作加大管理和防护力度。保护我们的生命和健康。

25.2　教育重点

(1) 安全月（周）活动主题思想及相关要求。

(2) 项目安全生产现状。

(3) 目前施工现场（现施工段）存在的重点危险源及防护措施。

25.3　教育方法

(1) 根据现场施工人员数量和安全月（周）活动计划安排，在宣传教育阶段内分期完成安全月相关内容的教育和宣传。

(2) 告知活动全部细节，使参与人员有思想准备积极参与（为活动提供更好的建设性意见，使活动更加丰富多彩）。

(3) 活动第一周利用周一上大岗时间小结安全月（周）活动

情况，同时按活动计划奖励方式进行奖励以调动员工参与兴趣，目的是使安全月（周）活动按计划顺利进行收达到效果。

25.4 教育时间

(1) 按安全月（周）活动计划，宣传教育阶段以20～30分钟教育为宜，把活动计划中的目的、活动方法及相关内容告知参加活动人员。

(2) 利用周一上大岗时间（10分钟）小结上周活动情况。

25.5 预期效果

参加安全月（周）教育活动人员，通过安全月（周）活动教育过程做到四个明确。

(1) 明确安全工作在不同时期、不同施工阶段、不同施工位置，有不同的防护重点、防护措施以及不同教育内容。

(2) 明确清楚我身边的隐患在哪里，清楚应采的防护措施。

(3) 明确自身防护和对他人的保护一样重要，并知道隐患的处理方式、方法和相应防护措施。

(4) 明确安全月（周）活动目的，安全不仅仅是本阶段工作的重中之重，更重要的是以月（周）来带动全年及工程全过程的本质安全为目的的。

25.6 教育过程

(1) 根据安全月（周）活动时间，安排1～2天进行活动目的和活动重点的教育。

(2) 告之参加安全月（周）活动人员，在过程中开展的主要内容和活动项目。

主要活动项目如下：(时间、内容可根据项目生产情况制定，灵活性很重要)

1) 张贴标语，营造安全月（周）气氛。

2) 检查我身边隐患活动。

3) 工人上班下班期间内，在门卫值班桌上取（自查现场隐患填报表）表填写后，分别放在门卫值班桌上自查现场隐患填报表回收箱内。

4）项目安全人员根据每日及时回收的（自查自揭现场隐患填报表）提出的问题，进行分析后采取相应措施，以弥补安全人员检查不到位之不足。

（3）总结表彰

1）对所有提交（自查现场隐患填报表）的工人全部进行奖励（购买小礼品价值每份不少于5～10元，如洗衣粉、毛巾等其他日用物品）。

2）活动结束后进行评比，对责任区安全工作防护到位，管理符合文明施工管理标准要求的班组进行奖励。班组不少于2个。

3）对揭查隐患活动的开展，必须在活动期间每周一上大岗时进行小结奖励，让大家知道本工次活动管理者的重视程度，激发大家参与活动的积极性。

4）通过奖励表彰，让大家走出误区。认识到安全工作的奖与罚是对等的，奖罚不是目的，更重要的是在平等互助的情况下，以不同形式和手段共同搞好安全生产，保护我们的生命和健康。

（中国建筑一局（集团）有限公司安装公司　韩玉东）

26. 施工过程安全生产要注重动态管理

26.1 教育目的

（1）施工现场的安全防护设施，不经现场主管安全负责人批准，任何人都不能移动、拆除或挪作它用。

（2）施工过程中由于存在着多方面的不安全因素，在参加作业（劳动）时要提高个人的自我保护意识，同时要树立对他人、对集体的安全保护意识。

26.2 教育重点

（1）施工现场由于施工队伍多、工种多、交叉作业多、人员多，随时都有发生安全事故的可能性。例如：在施工过程中，由于某处原搭设的脚手架影响施工，经领导批准，临时拆除护栏，但对刚被拆除的原防护栏正准备设置临时保护措施，正好在这个极短的时间差中有人通过，未注意原设施的改变，结果坠落摔伤。

（2）在施工作业时，由于本工序完工或其他原因调离或改变作业环境（地点），都要自觉检查作业环境和作业面以及交叉作业，是否存在不安全的因素（如有报告安全管理人员或主管领导采取防护措施、消防隐患）。在参加施工作业时要树立忧患意识，增强自觉的安全保护意识。

26.3 教育方法

可采用：

（1）入场安全授课教育；

（2）施工队安全活动教育；

（3）现场作业人员集中安全教育等形式。

26.4 教育时间

30 分钟。

26.5 预期效果

（1）使受教育者树立安全忧患意识；

（2）使受教育者树立安全责任意识，消除“事不关已，高高挂起”的不负责的思想意识。

26.6 教育过程

（1）案例：

1993 年装饰公司某项目经理部在进行某室内装修过程中，由于疏于对安全工作在施工过程中的管理，发生安全事故，造成 1 人死亡的悲剧。

该工程装修面积六千多平米，集办公、宾馆、餐饮、娱乐等综合装饰装修为一体。楼高分 5 层，局部 7 层。有电梯，但施工过程中未安装，故施工材料运输由电梯井安装临时提升机完成材料运输，人员和小宗材料则由大厦两侧的楼梯间上下出入。电梯井临时提升机安装防护以及楼梯间步道两侧和顶层楼梯平台都用脚手架杆按要求进行了防护，安全防护在施工前经有关安全部门检查验收合格，但在1993年3月22日上午施工中，施工现场突然因故停电，而楼梯间又无自然采光条件，当时某施工队一操作工人从5楼下3楼搬运材料，当进入5层楼梯间平台时一片漆黑，该工人摸黑下楼，认为楼梯平台有护栏，一路摸黑走去，突然，脚下踩空，从楼梯平台头朝下坠落，当时由于安全帽绳带未系紧而脱落，头部直接撞击在四层楼梯踏步尖角部位，造成重伤后经送医院抢救无效死亡，酿成一场本可避免的悲剧。

（2）事故原因

1）5层楼梯间平台护栏在施工过程中由于施工原因被拆除，且又未来得及采取防护措施。

2）施工现场突然停电而应急安全照明设施灯泡损坏。

3）坠落工人虽戴有安全帽，但未按要求系紧绳带，致使安全帽脱落。

（3）事故分析

1）该事故发生后经调查，该工程的安全交底和安全活动记录齐全，但由于在施工过程中项目施工管理人员和安全管理人员对安全巡视不及时，而且在发现问题后又未及时采取恢复被拆除护栏的措施。

2）安全应急照明灯经查已损坏，但在施工过程中未及时检查发现该问题的存在，且又无应急措施。

3）操作工人在施工中未按要求正确使用安全防护用品。

4）操作工人在停电后应该停止作业，待有电后再开始作业。

提问：通过案例，谁知道那名操作工人为什么会从五层楼梯平台上摔下来呢?

答：1）操作工人停电后应停止作业，在原处不动，等找到照明工具或看清周围环境后再回到安全地方。

2）没有安全危险意识。

小结：

在施工现场参加施工作业，要树立安全忧患意识，要知道现场施工人员多、工种多、情况复杂，随时都有发生危险危及生命的事故发生，所以要自己提高警惕，加强自我保护。

通过本次事故的提示：

施工过程的安全管理工作一时一刻都不可有丝毫的放松，通过该事故我们可以总结出许多的经验。在施工过程中如果不停电；如果被拆除的护栏及时修复等，就不会发生事故，但是对我们最重要的教训告诉我们，施工过程的安全因素是随着施工过程不断变化的，随着施工人员活动不定因素的存在以及施工过程各种客观动态因素等诸多条件而产生着复杂变化，这就要求我们在施工过程中要特别注重安全的动态管理，随时监督检查，随时纠正，随时防范，使安全的静态管理变动态管理，消极管理变积极管理，被动管理变主动管理。同时在施工过程中加强班前教育、周一教育、进厂教育、岗位教育等安全教育的力度，是我们在施工过程安全管理工作的重要环节。

在施工过程安全管理工作中，我们要以身作则，建立忧患、忧民、重于泰山的责任意识，把安全管理工作推向基层、推向普遍。

（中国建筑一局（集团）有限公司装饰公司　曹红）

27. 职业健康安全体系应急准备和响应演练

27.1　教育主题

职业健康安全体系应急准备和响应演练。

27.2　教育目的

提高管理人员、工人突遇安全生产事故时的应急救援意识、应急准备和应急响应能力。

27.3　教育重点

使现场管理人员和工人建立起对建筑安全事故的防范意识，提高准备与应变能力，掌握人员急救技能。

27.4　教育难点

通过应急演练，如何更好的提高相关人员的应急准备和响应能力。

27.5 教育时间

60分钟。

27.6 教育方法

假设工地发生安全生产事故，依据演练程序实施全过程的应急响应演练。

27.7 预期效果

使现场管理人员和工人建立起对建筑安全事故的防范意识，提高准备与应变能力，掌握人员急救技能。

27.8 教育过程

（1）向全体参加演练人员介绍应急救援演练预案：

结合全国“安全生产月”活动，模拟生产安全事故以便遇有突发事件时能及时启动应急救援预案，检测应急领导小组应急响应程序，和应急预案响应能力，应急救援信息网络、应急救援物资、医疗器械、药品、安全通道等方面的配备、设置情况及启动安全事故处理程序的能力。

1）演练申请表，见表27－1。

演练申请表 **表27－1**

演练时间	2005年6月28日	练习地点	某工程项目经理部施工现场
预算经费及物资	300元、担架、医药箱等	现场指挥员	徐指挥
参加人员	环保员：李某；安全员：徐某、张某；保卫干事：王某；急救员：何某；经警：10人；现场工人：150余人		
演习项目	施工现场楼板混凝土浇筑作业，由于防护设施不到位，导致6月28日下午3时发生一起高处坠落事故，作业面上一名操作工人由五层楼板混凝土浇筑操作架上坠入四层楼板，导致头部摔伤		

2）应急演练准备：

确定演练地点、时间、参加人员、影像器械、资料记录。

3）启动应急救援预案：

组织救援小组成员进行应急响应程序，救援预案培训、交底，组织培训人员救治的基本方法、现场疏散、防止事态扩大、救援物资、医疗器械配备、安全事故调查处理程序。

4）应急救援演练评估：

对预案涉及到的单位、人员、部门、物资、资料和资金进行告知，并对相关单位和人员进行组织、协调和相关准备，依据预案中的程序实施全过程演练。同时获取全面的第一手文字和影像资料以及相关数据资料。对本次演练进行分析，总结本次演练的经验和教训，对演练的实际效果进行评估。

（2）按照预案实施演练

1）项目经理部应急救援机构成员，按各自的责任岗位以最快时间到达事发现场。

2）现场救援指挥人员接到报警后，应通知应急救援小组成员迅速到达事故现场，界定危险区域、标识区域界限，指挥急救员对伤者进行初步判断视伤害程度进行及时处理，并及时将伤员转送至医疗机构作进一步的治疗救护。

3）指挥人员疏散、排除危险场所可能造成危害的危险隐患，防止事故进一步扩大，事故发生点做好标识，保护好现场，配合事故调查组调查取证工作。

4）现场指挥人员应保持与医疗救护、工程抢险组后勤物资供给等各救援小组的通讯联系，以便及时了解救援进度情况，及时与救援指挥中心通报现场情况。

5）现场指挥人员应做好演练过程中的应急准备工作，防止意外事故发生。

（3）在演练过程中，每个参与演练人员所应掌握的相关知识如图 27－1～图 27－8。

发生安全生产“事故”，要在第一时间内报告，同时保护好“事故”现场，协助“事故”调查。

（中国建筑一局（集团）有限公司五公司　王文清）

图 27-1　施工现场事故应急领导小组

图 27-2　应急小组成员

图 27-3　演练战前动员

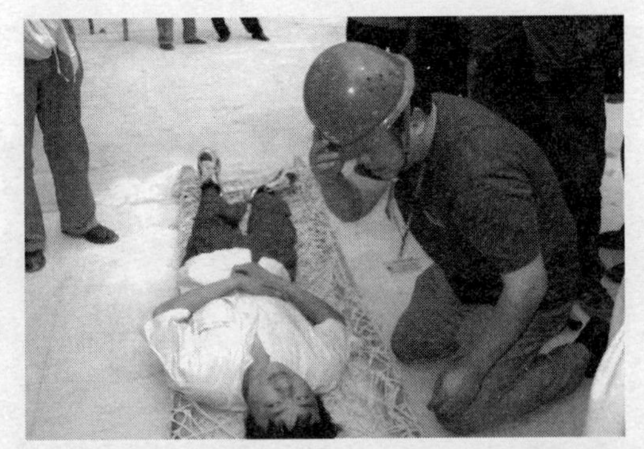

图 27－4　临时担架制作、查明伤势、进行简单急救处理

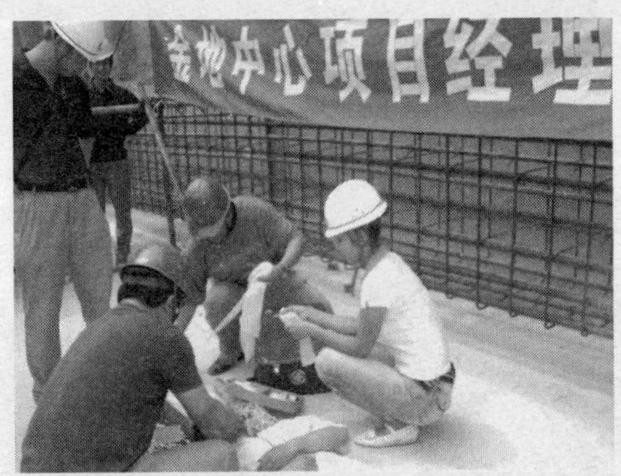

图 27－5　现场实施临时性抢救

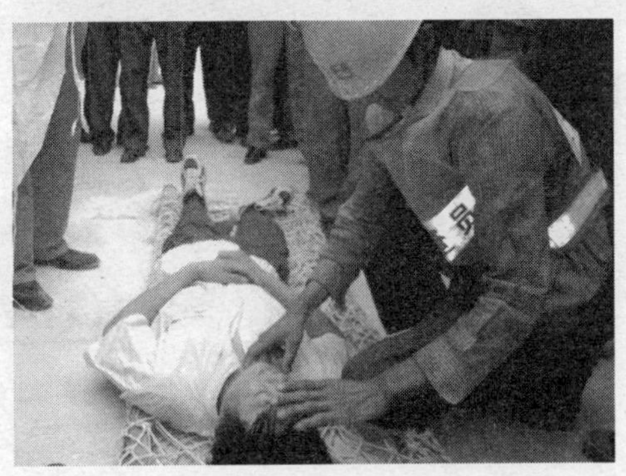

图 27－6　人工呼吸

图 27－7　对伤者进行包扎

图 27－8　及时送往医院进行救治